普通高等教育"十一五"国家级规划教材

大学物理实验

（第二版）

张奕林 王 怡 金恩姬 郭立群 高德文 编

中国石化出版社

内 容 提 要

本书是普通高等教育“十一五”国家级规划教材，是在第一版基础上吸收多年来物理实验教学改革经验，根据教育部制定的“非物理类理工学科大学物理实验课程教学基本要求”编写的。全书内容包括：误差、不确定度和有效数字的概念，各种物理仪器的基本知识以及基础性实验、综合性和近代物理实验、设计性实验等内容。本书的特点是：精选基础性实验，大幅度增加综合性实验和设计性实验，并把激光技术、传感技术和计算机技术等现代应用技术引入了物理实验。

本书可作为普通高等院校理工科非物理专业本科生教材，也可作为相关技术人员的参考书。

图书在版编目(CIP)数据

大学物理实验/张奕林等编.—2版.
—北京:中国石化出版社,2014.1(2018.6重印)
普通高等教育“十一五”国家级规划教材
ISBN 978-7-5114-2607-9

Ⅰ.①大… Ⅱ.①张… Ⅲ.①物理学-实验-高等学校-教材 Ⅳ.①O4-33

中国版本图书馆 CIP 数据核字(2014)第016487号

中国石化出版社出版发行

地址:北京市朝阳区吉市口路9号
邮编:100020 电话:(010)59964500
发行部电话:(010)59964526
http://www.sinopec-press.com
E-mail:press@sinopec.com
北京富泰印刷有限责任公司印刷
全国各地新华书店经销

*

787×1092毫米 16开本 10印张 250千字
2014年1月第2版 2018年6月第3次印刷
定价:25.00元

第二版前言

本书是在2008年出版的普通高等教育“十一五”国家级规划教材《大学物理实验》的基础上删减了部分过时的实验内容，增加了一些新实验项目修订而成。

本书的编写宗旨是全面贯彻落实“非物理类理工学科大学物理实验课程教学基本要求”。教学内容方面，在精选基础实验、加强基本方法、基本技能训练的同时，增加综合性实验和近代物理实验的数目，并把激光技术、传感技术和计算机技术等现代物理技术引入了物理实验；能力培养方面，一是综合性实验和近代物理实验巩固了学生基础性实验的学习成果，开阔了学生的眼界和思路，提高了综合运用各种实验方法和实验技能的能力，二是开设了设计性实验，学生根据实验题目的难度，组成一人或两人小组，自己设计实验方案并独立完成实验全过程，培养了创新能力、独立操作能力和团队合作精神；教学模式和教学方法方面，自行开发并使用了“物理实验计算机网络预习与选课系统”和“物理实验电子课件”，广大学生在校园网上选课、预习、查询课程安排和实验成绩，老师通过网络录入实验成绩，为学生答疑解惑，使物理实验教学实现了全面开放。

本书可作为普通高等院校各专业不同层次的“大学物理实验”课程的教材或教学参考书，也可作为有关实验技术人员和专业人员的参考用书。

参加本书编写的人员有：张奕林、王怡、金恩姬、高德文、郭立群、赵昶、于舸、吕爱君、刘喜莲、赵曼、于春娜 、朴星亮、谭恩忠、刘庆军、臧建新。金恩姬、高德文、赵昶、刘喜莲、吕爱君、赵曼对本书所有稿件进行了初审。全书最后由王怡进行统稿、修改。

北京工商大学赵慈副教授在百忙中审阅了全书，并提出了非常宝贵的修改意见，在此表示衷心的感谢。

在本书的编写过程中，始终得到了我校有关领导和同事们热情的关心与帮助，也得到了中国石化出版社许倩同志的细心指导和帮助，借此表达真挚的谢意。

由于编者水平有限，书中难免有缺点和错误，恳请广大师生批评、指正。

目　录

第一章　绪论 …………………………………………………………（1）
　第一节　大学物理实验课程简介 ………………………………………（2）
　第二节　测量误差和不确定度 …………………………………………（4）
　第三节　有效数字和数据处理 …………………………………………（10）
第二章　预备知识 ……………………………………………………（17）
　第一节　物理实验仪器基本知识 ………………………………………（17）
　第二节　物理实验计算机网络预习与选课系统简介 ……………………（24）
　第三节　设计性实验和综合性实验简介 ………………………………（27）
第三章　基础性实验 …………………………………………………（29）
　实验一　落球法测定液体的黏滞系数 …………………………………（29）
　实验二　用扭摆法测定物体的转动惯量 ………………………………（31）
　实验三　拉伸法测钢丝的杨氏模量 ……………………………………（36）
　实验四　气体比热容比 C_p/C_v 的测定 ………………………………（41）
　实验五　电表改装及校准 ………………………………………………（43）
　实验六　惠斯通电桥测电阻 ……………………………………………（49）
　实验七　示波器的使用 …………………………………………………（54）
　实验八　分光计的调节和固体折射率的测定 …………………………（62）
　实验九　等厚干涉——牛顿环、劈尖 …………………………………（68）
　实验十　用衍射光栅测量单色光的波长 ………………………………（72）
第四章　综合性实验和近代物理实验 …………………………………（76）
　实验十一　伏安法测电阻 ………………………………………………（76）
　实验十二　弯梁法测定杨氏模量 ………………………………………（81）

实验十三　RLC 电路稳态特性的研究 …………………………………………………… (87)
实验十四　霍尔效应实验 ………………………………………………………………… (92)
实验十五　交流电桥 ……………………………………………………………………… (101)
实验十六　偏振光的研究 ………………………………………………………………… (104)
实验十七　迈克尔逊干涉仪的调整与使用 ……………………………………………… (110)
实验十八　密立根油滴法测定电子电荷 ………………………………………………… (117)
实验十九　光电效应法测定普朗克常数 ………………………………………………… (122)
实验二十　RC 串联电路暂态特性的研究 ………………………………………………… (125)
实验二十一　声速的测定 ………………………………………………………………… (128)
实验二十二　电子束聚焦与电子荷质比的测量 ………………………………………… (131)
实验二十三　全息照相的观察和摄制 …………………………………………………… (136)
第五章　设计性实验 ………………………………………………………………………… (142)
实验二十四　密度的测定 ………………………………………………………………… (142)
实验二十五　万用表的设计 ……………………………………………………………… (142)
实验二十六　非平衡电桥的应用 ………………………………………………………… (143)
实验二十七　低电阻的测定 ……………………………………………………………… (144)
实验二十八　光的衍射 …………………………………………………………………… (145)
实验二十九　固体、液体折射率的测量 ………………………………………………… (146)
实验三十　RC 及 RLC 电路暂态特性的研究 …………………………………………… (146)
实验三十一　箔式应变传感器性能研究与应用 ………………………………………… (147)
附表 ……………………………………………………………………………………… (148)
参考文献 ………………………………………………………………………………… (154)

第一章　绪　论

关于“大学物理实验”课的一场师生对话

新学期刚刚开始，校园里阳光明媚，一位大一同学和一位老师恰好相遇，于是开始了下面的对话……

甲(大一同学)：老师，你好！听说这学期要开物理实验课，是吗？

乙(某老师)：你好。没错，本学期要开物理实验课。

甲：我们在中学做过一些物理实验，为什么在大学还要做？

乙：大学物理实验与中学物理实验有很大的不同。“不同”首先体现在课程设置上，“大学物理实验”是一门独立的课程，有单独的教学大纲、教学体系和考核方法，而中学物理实验只是物理课的一部分，不是独立课程；其次体现在教学目的上，“大学物理实验”是以让学生受到实验方法和实验技能的系统训练为教学目的，中学物理实验是以加深对物理课讲的概念和规律的理解为教学目的；还有，中学物理实验以观察实验现象为主，学生动手机会不多，大学物理实验都需要测量数据，动手机会相当得多；中学物理实验集中在力学和电磁学方面，实验数目不多，大学物理实验覆盖面广，除了力学、电磁学实验以外，还有光学、近代物理实验等等；中学物理实验仪器也无法和大学物理实验仪器比。所以，千万不要以为大学物理实验和中学物理实验差不多，如果开始时轻视它，问题多了就会陷入被动。

甲：“大学物理实验”都学哪些东西？

乙：学习误差的基本知识与数据处理的基本方法，常用物理量的测量，各种实验仪器的操作和使用，基本的实验方法，还有物理实验的设计方法，培养创新意识。

甲：这门课有什么特点？

乙：这门课自始至终贯穿一个理念——理论要经过实践的检验，才能成为真理。物理实验中有一些验证性实验，就起到检验理论的作用。物理实验的另一个特点是强调实践，物理实验除了需要理论以外，还要需要一定的物质条件，如实验的环境、所用仪器和方法等，此外，如果没有人的精心操作和测量，同样得不出令人信服的结果。所以，物理实验是实践性很强的课程。另外，随着科技的进步，实验仪器更新换代很快，过去一个力学实验，用到的知识就是力学，现在一个力学实验可能涉及电学、磁学、光学以及计算机等知识，物理实验的综合性越来越强。这就要求我们一要知识面宽，二要努力提高自己的动手能力，不能“重学轻术”，那样只能“一看就懂，一做就错”。

甲：大约要做多少个实验？

乙：大约要做20个实验。内容含盖力学、热学、电磁学、光学和近代物理。实验分为三个层次：基础性、综合性和设计性实验，第一个学期以基础性实验为主，第二个学期以综合性和设计性实验为主。

甲：物理实验课怎么上？

乙：物理实验课是“三部曲”。即：课前预习并写出本次实验的预习报告；课上做实验，测量实验数据；课后完成实验报告。

甲：听说物理实验报告很难写，是这样吗？

乙：不全对。应该说完成不难，写好不易。物理实验报告内容是比较多的，分为预习报告、数据表格与计算、思考题三部分。预习报告包含：实验名称、实验目的、实验原理、实验仪器、实验内容及步骤、数据表格；数据表格要经过老师审核并签字，数据处理过程和结果；回答思考题。

甲：这门课怎样考核？

乙：总成绩包括平时成绩和考试成绩，平时成绩占总成绩的70%，考试成绩占30%。平时成绩就是每次实验报告，满分10分；考试分理论考试和操作考试，第一学期进行理论考试，第二学期进行操作考试。

甲：这门课对我们有什么要求？

乙：要求我们在牢牢掌握基本实验理论、基本实验技能和基本实验方法的同时，努力培养独立思考的习惯和创新意识，努力培养实事求是的科学作风和团结协作精神。

甲：怎样才能学好这门课？有什么窍门没有？

乙：同学们对这门课的期望值是不一样的，有的希望通过，有的希望成绩优良。只要按照老师的最低要求做，上课完成实验，按时交报告，考试取得中等成绩，实现第一个希望不难；要想取得好成绩，应在满足最低要求的基础上，努力提高学习质量，做到预习时独立思考不抄袭，实验时认真操作不胡弄，计算时实事求是不凑数，实验报告写得整齐、完整，没有缺项，考试取得中等以上成绩。多一份付出就多一份收获。要说窍门就一句话：照老师说的做。

第一节 大学物理实验课程简介

一、大学物理实验课程的任务和基本要求

大学物理实验课是高等理工科院校对学生进行科学实验基本训练的必修的通识课程，是学生进入大学后接受系统实验方法和实验技能训练的开端。

（一）本课程的具体任务

（1）培养与提高学生进行物理实验的基本能力，掌握进行物理实验所需要的各种知识。

（2）培养学生独立思考的习惯和创新意识，能够完成一些综合性、设计性较强的实验。

（3）培养学生实事求是的科学作风，踏实认真的工作态度，遵守纪律、团结协作和爱护公物的优良品德。

（二）课程的基本要求

1. 教学内容

（1）掌握误差的基本知识与数据处理的基本方法（如列表法、作图法、逐差法、最小二乘法等）；

（2）学会测量常用物理量（如长度、质量、时间、角度、温度、电流、电压、电阻、电磁场等）；

（3）了解常用实验仪器的性能，并学会使用（如千分尺、卡尺、读数显微镜、物理天平、秒表、温度计、电表、电阻箱与变阻器、灵敏与冲击电流计、电位差计与电桥、常用电源与光源、分光计等）；

（4）掌握基本的实验方法（如比较法、放大法、模拟法、补偿法、干涉法与转换测量法等）和操作技术（如正确地按照电路图接线、光路的共轴调整、仪器的零位调整等）；

（5）学习物理实验的设计方法。

2. 能力培养

（1）独立实验的能力；

（2）分析、研究的能力；

（3）理论联系实际的能力。

3. 分层次教学

物理实验分为三种层次：基础性实验、综合性实验和设计性实验。

二、课程进行的三个环节

（一）课前预习，写出本次实验的预习报告

预习时要认真阅读实验教材与实验参考书，在“实验报告纸”上写出预习报告。

1. 预习报告内容

（1）实验名称。

（2）实验目的。

（3）实验原理。阐明实验的理论要点，写出待测量的主要计算公式，画出有关装置图（如电路图、光路图等）。

（4）实验仪器。列出主要仪器名称、型号、规格、精度等级等。

（5）实验内容及步骤。写出主要实验内容、关键步骤和注意事项。

（6）数据表格。按照实验内容画出数据表格。

（7）阅读思考题。

2. 预习报告的要求

（1）在认真阅读实验教材的基础上写预习报告，不得抄袭别人的预习报告。

（2）写预习报告要用专用的“实验报告纸”，不得用不合要求的纸。

（3）字迹要工整，画图要用直尺、圆规和曲线板。

注：每次上课前交任课教师检查，不合格者不能做实验。

（二）课上实验

课上实验是最重要的教学环节。对学生的要求是：

（1）学生要在上课前到达实验室，不得迟到。因病、因事不能上课的同学，要有医务室或所在院系出具的假条，才予准假。

（2）课上认真听老师讲解，按照实验步骤操作仪器，认真读取数据，把数据写在表格中，完成实验以后，一定请老师检查，老师认为合格予以签字。数据记录不得丢失，和实验报告订在一起，下一次上实验课时交给任课老师。

（3）老师签完字，学生要拆线路、整理仪器，拣拾桌面和地面的遗弃物，经老师同意后，方可离开实验室。

注：无任课教师签字的数据无效。

（三）撰写实验报告

1. 实验报告的内容

（1）本次实验的预习报告。

（2）有老师签字的数据表。

（3）数据处理过程和结果(包含计算公式、简单计算过程、作图、不确定度计算、结果表示等)。

（4）回答思考题。

2. 实验报告的要求

（1）实验报告要求独立完成，认真进行数据处理，不得抄袭别人的结果。

（2）纸面要整洁，字迹工整，用作图法处理数据时，要用坐标纸。

（3）下次上实验课时交实验报告。实验报告不能长期拖延不交，更不能拖到期末一起交。

三、实验室规则与学生实验守则

（1）做好课前预习，按时、按组上实验课，要独立完成实验和实验报告。

（2）遵守实验室制度，注意用电安全。

（3）保持实验室安静、清洁，实验完毕后整理好仪器，做好值日。

（4）爱护国家财产，因个人原因损坏仪器设备，要按学院规定予以赔偿。

（5）严禁弄虚作假，如发现私自涂改数据或抄袭他人报告者，本次实验按零分计。

（6）未写预习报告者或迟到20min以上者，不准进入实验室。

（7）病假需持有医院诊断证书，无故旷课者按零分处理。

第二节　测量误差和不确定度

一、测量

（一）直接测量和间接测量

（1）直接测量：将待测物体与标准量具进行比较，直接得到待测量的大小。

（2）间接测量：待测量由若干直接测量的物理量经过一定函数关系运算后获得。

（二）等精度测量与不等精度测量

（1）等精度测量：指在相同的条件下进行的多次测量，如同一人，用同一个仪器，每次测量时周围环境条件相同，等精度测量每次测量的可靠程度相同。

（2）不等精度测量：若每次测量时的条件不同，或测量仪器改变，或测量方法、条件改变，这样所进行的一系列测量叫不等精度测量。

二、误差的基本概念

（一）真值

任何物理量在一定时间内或一定条件下，都存在着一个客观值，这个客观值称为真值。物理量的真值不能通过测量而得知，但是能通过提高仪器的精度和改进测量方法，使测量值不断接近真值。

（二）绝对误差和相对误差

1. 绝对误差

若某物理量真值为 a，测量值为 x，则绝对误差为：

$$\Delta x = x - a \tag{1.2.1}$$

2. 相对误差

绝对误差与真值的比值。

$$B = \frac{\Delta x}{a} \times 100\% \tag{1.2.2}$$

三、误差的分类

根据误差产生的原因及其对实验结果的影响，误差主要分为两类：

（一）系统误差

1. 定义

在等精度条件下对同一物理量进行多次测量，误差的绝对值和符号或者不变，或者在改变实验条件时，按确定的规律变化，这种误差称为系统误差。如：千分尺零点误差，钟表的快慢等。

2. 系统误差的类别

系统误差就其来源分为仪器误差、理论与方法误差和观测误差。

（1）仪器误差：由于仪器制造或校准的不精确，以及仪器没有调整到最佳状态所引起的误差。

（2）理论与方法误差：由于实验理论的不完善，实验公式具有近似性或实验方法不适当而引起的误差。

（3）观测误差：由于仪器使用不当或不满足仪器的使用条件，致使其零点不对而引起的误差，或某人使用仪器或测量时不注意，使视线不与零刻度面垂直而引起的误差。

（二）随机误差

1. 定义

在等精度条件下，对一个物理量进行多次测量时，由于偶然的因素，各次测量的误差时大时小，时正时负，既不可预测又无法控制，这种误差被称为随机误差。

2. 随机误差的统计规律

有关理论和实践都证明，当测量次数足够多时，一组等精度测量数据的随机误差服从一定的统计规律，最典型的一种统计规律是正态分布。若横坐标表示随机误差 Δx，纵坐标表示随机误差出现的概率密度函数 $f(\Delta x)$，则正态分布曲线如图 1.2.1 所示，其数学表达式为：

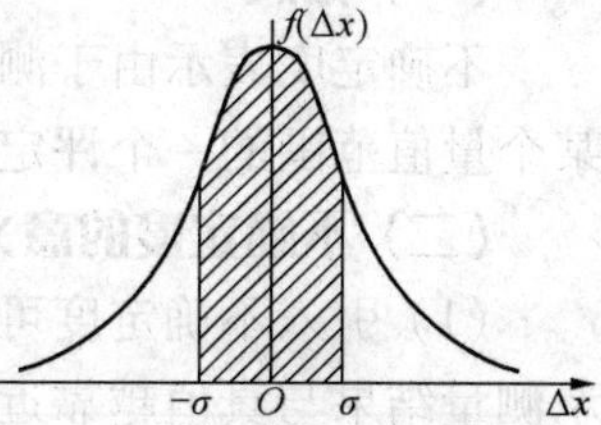

图 1.2.1　正态分布曲线

$$(f\Delta x) = \frac{1}{\sqrt{2\pi}\sigma} e^{-\frac{(\Delta x)^2}{2\sigma}} \tag{1.2.3}$$

式中，σ 为测量列 x_1，x_2，…，x_n 总体的标准误差。

图中阴影部分的面积是测量列 x_1，x_2，…，x_n 中任一测量值落在 $(a-\sigma, a+\sigma)$ 区间中的概率为 P，$P=68.3\%$。

从图中可看出，随机误差具有以下性质：

(1) 单峰性，绝对值小的误差出现的概率比绝对值大的误差出现的概率大；

(2) 对称性，大小相等、符号相反的误差出现的概率相等；

(3) 有界性，误差的绝对值不会超过某一界限；

(4) 可抵消性，在一定的条件下，随机误差的算术平均值随着测量次数的增加而趋于零。

3. 算术平均值的标准误差

设对某一物理量 x 进行 n 次等精度测量以后，得到的测量值分别为 x_1，x_2，…，x_n，其算术平均值为：

$$\bar{x} = \frac{1}{n}\sum_{i=1}^{n} x_i \tag{1.2.4}$$

由统计原理可知，当测量次数趋于无穷大时，测量值的算术平均值无限接近于该物理量的真值。当然实际的测量次数都是有限的，我们可以用多次测量的算术平均值代替真值。某次测量值与算术平均值之差称为该次测量的残差。由于真值不可测量，测量值与真值之差也不知道，因此我们只能用残差代替误差。

经计算，物理量 x 的算术平均值的标准误差为：

$$\sigma(\bar{x}) = \sqrt{\frac{\sum_{i=1}^{n}(x_i-\bar{x})^2}{n(n-1)}} = \frac{\sigma}{\sqrt{n}} \tag{1.2.5}$$

它表示测量值在 $[\bar{x}-\sigma(\bar{x}), \bar{x}+\sigma(\bar{x})]$ 范围内包含真值 a 的概率为 68.3%。

四、不确定度

长期以来，人们用误差来表示测量结果可信度的高低。误差是测量值与真值的偏差，但真值是无法确定的，它只是一种理想值或约定值。因此，涉及具体数值的场合，用不确定度代替误差是一个趋势。

（一）概念

不确定度表示由于测量误差的存在而对被测量值不能确定的程度。它是被测量的真值在某个量值范围的一个评定。

（二）不确定度的意义及其与误差的关系

(1) 引入不确定度可以对测量结果的准确程度作出科学合理的评价。不确定度越小，表示测量结果与真值越靠近，可信度越高。比如，多次直接测量的结果是：

$$x = \bar{x} \pm u \tag{1.2.6}$$

式中，$\bar{x}$ 是算术平均值，u 是不确定度。它表示，被测量的真值以一定的概率（例如68.3%）落在 $[x-u, x+u]$ 的数值范围内。

(2) 误差是指测量值与真值之差，由于真值的不可预知性，一般意义的误差也是未知的。不确定度与误差概念不同，它表征被测量的真值所处的量值范围，其大小可以计算或估计出来。

（3）不确定度是在误差理论的基础上发展起来的。误差一般用于定性地描述理论和概念的场合；而不确定度用于给出具体数值或定量计算的场合。以后凡是涉及具体数值，都要用不确定度代替误差。

（三）分类

根据国际标准化组织等 7 个国际组织联合发表的《测量不确定度表示指南 ISO 1993(E)》的精神，不确定度从估计方法上分为两类。

（1）A 类不确定度：在相同条件下的进行多次测量，用统计方法估算的分量，用 u_A 表示。

（2）B 类不确定度：用非统计方法估算的分量，用 u_B 表示。

（四）计算

1. A 类不确定度的计算

A 类不确定度用统计方法进行估算，在物理实验教学中，我们约定 A 类不确定度等于算术平均值的标准误差，即

$$u_A = \sigma(\bar{x}) = \sqrt{\frac{\sum (x_i - \bar{x})^2}{n(n-1)}} \tag{1.2.7}$$

2. B 类不确定度的计算

B 类不确定度不是用统计方法计算的，它由仪器的误差限和测量误差的分布来决定。常用仪器的仪器误差由生产厂家给出。在物理实验教学中，我们约定误差的概率分布是均匀分布，仪器误差为 $\sigma_{仪}$，由均匀分布理论，B 类不确定度为：

$$u_B = \frac{\sigma_{仪}}{\sqrt{3}} \tag{1.2.8}$$

3. 总不确定度和相对不确定度

（1）总不确定度

$$u = \sqrt{u_A^2 + u_B^2} = \sqrt{\sigma^2(x) + \sigma_{仪}^2/3} \tag{1.2.9}$$

（2）相对不确定度

相对不确定度等于总不确定度与测量平均值之比，即

$$B = \frac{u}{\bar{x}} \tag{1.2.10}$$

五、间接测量的不确定度

由于不确定度都是微小的量，相当于数学中的“增量”，因此间接测量不确定度的计算公式与全微分公式类似。设间接测量量 N 与各直接测量量 $x, y, z, \cdots$ 的关系为：

$$N = f(x, y, z, \cdots) \tag{1.2.11}$$

则间接测量不确定度的计算公式为：

$$u=\sqrt{\left(\frac{\partial f}{\partial x}\right)^2u_x^2+\left(\frac{\partial f}{\partial y}\right)^2u_y^2+\left(\frac{\partial f}{\partial z}\right)^2u_z^2+\cdots} \tag{1.2.12}$$

$$\frac{u}{N}=\sqrt{\left(\frac{\partial \ln f}{\partial x}\right)^2u_x^2+\left(\frac{\partial \ln f}{\partial y}\right)^2u_y^2+\left(\frac{\partial \ln f}{\partial z}\right)^2u_z^2+\cdots} \tag{1.2.13}$$

一般情况，对于 N 为和差形式的函数用式(1.2.12)计算不确定度比较简便，而对于 N 为积商形式的函数由式(1.2.13)计算比较简便。

常用函数的不确定度传递公式详见表 1.2.1。

表 1.2.1　常用函数的不确定度传递公式一览表

函　　数	不　确　定　度	相对不确定度
$N=x+y$	$u=\sqrt{u_x^2+u_y^2}$	$B=\frac{u}{N}=(\sqrt{u_x^2+u_y^2})/N$
$N=xy$	$u=\sqrt{y^2u_x^2+x^2u_y^2}$	$B=\frac{u}{N}=\sqrt{\left(\frac{u_x}{x}\right)^2+\left(\frac{u_y}{y}\right)^2}$
$N=x/y$	$u=\frac{x}{y}\sqrt{\left(\frac{u_x}{x}\right)^2+\left(\frac{u_y}{y}\right)^2}$	$B=\frac{u}{N}=\sqrt{\left(\frac{u_x}{x}\right)^2+\left(\frac{u_y}{y}\right)^2}$
$N=kx$（k 为常数）	$u=ku_x$	$B=\frac{u_x}{x}$
$N=X^a$	$u=ax^{a-1}u_x$	$B=a\frac{u_x}{x}$
$N=\ln x$	$u=\frac{1}{x}u_x$	$B=\frac{u_x}{x\ln x}$

六、测量结果的表示

（一）书写形式

直接测量结果的表示

$$x=\bar{x}\pm u \tag{1.2.14}$$

$$B=\frac{u}{\bar{x}}\times 100\% \tag{1.2.15}$$

间接测量结果的表示

$$N=\bar{N}\pm u$$

$$B=\frac{u}{\bar{N}}\times 100\% \tag{1.2.16}$$

（二）结果处理步骤

1. 在同一条件下多次测量时

（1）确定系统误差；

（2）计算平均值 $\bar{x}$ 及其标准误差 $\sigma_{\bar{x}}$，尽量利用有统计功能的袖珍计算器；

（3）计算 A 类分量 u_A 和 B 类分量 u_B；

（4）计算（合）不确定度 u，只取 1 ~ 2 位有效数字；

（5）正确表示测量结果，不要忘写单位。

2. 一次测量时

（1）确定系统误差；

（2）计算B类分量u_B，将B类分量作为一次测量结果的不确定度u，只取1 ~ 2位有效数字；

（3）正确表示测量结果，不要忘写单位。

3. 仪器误差的估算

（1）米尺、螺旋测微计和读数显微镜等其他标有刻度的量、器具：根据具体情况，可取最小分度值的1/10、1/5或1/2，一般取最小分度值的1/2。

（2）游标卡尺等标有准确度的仪器：取其准确度为仪器误差。

（3）电表等仪器没有直接给出仪器误差，但给出了准确度等级，其仪器误差经过计算才能得到。如指针式电表的仪器误差等于其量程值乘以准确度等级；电桥、电阻箱的仪器误差等于示值乘以准确度等级再加上零值电阻，由于它们各挡的准确度等级是不同的，所以要分挡计算，然后求和。

（4）电子秒表可以测到0.01s，考虑到按表时超前或滞后引起的误差，可取0.5s为仪器误差。

【例一】 用螺旋测微计测量小钢珠的直径，5次测量值分别是2.997mm，2.989mm，2.998mm，2.987mm，2.988mm，试求平均值、A类不确定度、B类不确定度和合不确定度，并写出测量结果表达式。

解：由式(1.2.4)

$$\bar{d} = \frac{1}{n}\sum_{i=1}^{n} d_i = 2.9918\text{mm}$$

由式(1.2.7)

$$u_A = \sigma(\bar{d}) = \sqrt{\frac{\sum (d_i - \bar{d})^2}{n(n-1)}} \approx 0.0024\text{mm}$$

由式(1.2.8)

$$u_B = \frac{\sigma_{仪}}{\sqrt{3}} = \frac{0.005}{\sqrt{3}} = 0.0029\text{mm}$$

由式(1.2.9)

$$u = \sqrt{u_A^2 + u_B^2} = \sqrt{\sigma(d)^2 + \sigma_{仪}^2/3} = \sqrt{0.0024^2 + 0.0029^2} \approx 0.0038\text{mm}$$

$$d = \bar{d} \pm u = (2.992 \pm 0.004)\text{mm}$$

【例二】 用螺旋测微计测量圆柱体的体积，已知直径$d = \bar{d} \pm u_d = (20.080 \pm 0.006)\text{mm}$，高度$h = \bar{h} \pm u_h = (35.110 \pm 0.003)\text{mm}$，求圆柱体的体积及其不确定度。

解：$\bar{V} = \frac{\pi}{4}\bar{d}^2\bar{h} = 1.1113 \times 10^4\text{mm}^3$

$$\frac{\partial \ln V}{\partial d} = \frac{2}{d} \qquad \frac{\partial \ln V}{\partial h} = \frac{1}{h}$$

由式(1.2.13)

$$\frac{u_{\bar{V}}}{\bar{V}} = \sqrt{\left(\frac{\partial \ln V}{\partial d}\right)^2 u_d^2 + \left(\frac{\partial \ln V}{\partial h}\right)^2 u_h^2} = \sqrt{\left(\frac{2}{\bar{d}}\right)^2 u_d^2 + \left(\frac{1}{\bar{h}}\right)^2 u_h^2} \approx 6.0 \times 10^{-4}$$

$$u_{\overline{V}} = \overline{V} \times \frac{u_{\overline{V}}}{\overline{V}} \approx 6.7\mathrm{mm}^3$$

$$V = \overline{V} \pm u_{\overline{V}} = (1.1113 \pm 0.0007) \times 10^4 \mathrm{mm}^3 \qquad (B = 0.0006)$$

第三节　有效数字和数据处理

一、有效数字及其运算

（一）有效数字概念

准确数字后面只保留一位欠准数字或可疑数字，称作有效数字。有效数字最后一位存在着误差，因此叫欠准数字或可疑数字。

有效数字的特点是：

（1）有效数字的位数与测量仪器的精度密切相关。测量同一物理量，所用仪器的精度越高，则有效数字的位数越多。如测量某物体长度，用最小刻度为1mm的米尺测量，结果为18.7mm，3位有效数字，末位的“7”是估读的；用最小刻度为0.01mm的螺旋测微计测量，结果为18.698mm，5位有效数字，小数点后第三位的“8”是估读的。

（2）“0”的位置不同，对有效数字位数的影响也不同。如0.00851是3位有效数字，数字前的“0”对有效数字的位数无影响；3个测量数据，2.85cm≠2.850cm≠2.8500cm，因为它们有效数字的位数分别是3、4、5位，有效数字位数的不同反映了测量精度的高低。

（3）有效数字的位数与小数点位置和单位换算无关。如1.20m = 120cm = 0.00120km，但是不能写成1200mm，因为单位换算时不能改变有效数字的位数。

（4）采用科学记数法。如2000要写成2.000×10^3，0.0000352要写成3.52×10^{-5}。

（二）有效数字的运算规则

（1）加、减法运算

① 计算结果的末位与参加运算的各项中小数点后位数最少的那一项的末位对齐。

② 有效数字尾数的取舍法则是“四舍六入，逢五配双”。如4.8356取四位有效数字是4.836，取3位有效数字是4.84，取两位有效数字是4.8。

【例三】　12.34 + 2.3572 = 14.70

$$\begin{array}{r} 12.3\underline{4} \\ +\ 2.357\underline{2} \\ \hline 14.6\underline{9}7\underline{2} \end{array}$$

（2）乘、除法运算

① 两个数乘积的有效数字位数一般与参加运算各量中有效数字位数最少的相同，但是如果最高位的乘积大于或等于10时，结果的有效数字位数应比参加运算各量中有效数字位数最少的多取一位。

② 两个数相除，商的有效数字位数一般与除数、被除数中位数较少者的位数相同，但是如果被除数有效数字的位数小于或等于除数有效数字的位数，并且它的最高位的数小于除数最高位的数，则商的有效数字的位数应比被除数少一位。

【例四】　3.523 × 48.6 = 171.2

$$
\begin{array}{ccccccc}
 & & & 3. & 5 & 2 & \underline{3} \\
 & & & \times & 4 & 8. & \underline{6} \\
\hline
 & & 2 & \underline{1} & \underline{1} & \underline{3} & \underline{8} \\
 & 2 & 8 & 1 & 8 & \underline{4} & \\
1 & 4 & 0 & 9 & \underline{2} & & \\
\hline
1 & 7 & 1. & \underline{2} & \underline{1} & \underline{7} & \underline{8}
\end{array}
$$

【例五】 $4.52 \div 5.47 \approx 0.83$

$$
\begin{array}{r}
0.8\underline{2}\underline{6} \\
5.4\underline{7}\,\overline{\big)\,4.5\underline{2}} \\
437\underline{6} \\
\hline
1\underline{4}\underline{4}0 \\
1\underline{0}\underline{9}\underline{4} \\
\hline
\underline{3}\underline{4}\underline{6}0 \\
3\underline{2}\underline{8}\underline{2} \\
\hline
\underline{1}\underline{7}\underline{8}
\end{array}
$$

(3) 乘方和开方的运算规则与乘法的运算规则相同。

(4) 常数(如 π、g 等)和自然数(如纯数 2 等)，由于不是测量得到的，因此可以认为其有效数字的位数是无限多的，运算时所取的位数不少于各项中有效数字位数最少的那一位的位数。

(5) 运算的中间过程，参与运算的量可以取两位欠准数字，但最后结果仍要按照前面的规则来确定有效数字的位数。

(三) 测量数据的有效数字

根据有效数字的概念，一个测量数据只能保留一位欠准数字。在物理实验中，测量结果的不确定度一般取一位有效数字，而平均值的最末一位要与不确定度所在的位置对齐。

【例六】 $m = (321.55 \pm 0.6)\,\mathrm{g}$ 的写法不正确，应改为 $m = (321.6 \pm 0.6)\,\mathrm{g}$

【例七】 $I = (0.000256 \pm 0.000004)\,\mathrm{A}$ 没有采用科学记数法，正确写法是：

$I = (2.56 \pm 0.04) \times 10^{-4}\,\mathrm{A}$

二、数据处理

(一) 列表法

在记录实验数据时，将数据排列成表格的形式，使其能清楚地反映出各物理量之间的对应关系。用列表法记录实验数据是一种良好的工作习惯。

列表要达到以下要求：

(1) 表格尽量简明，便于表示物理量的对应关系，处理数据方便。

(2) 写明表的名称，标明表头栏目中的物理量、符号、及单位。

(3) 表中数据的有效数字与所用仪器的准确度一致。

(4) 把必须记录的实验条件记在表外。

（二）作图法

1. 图示法

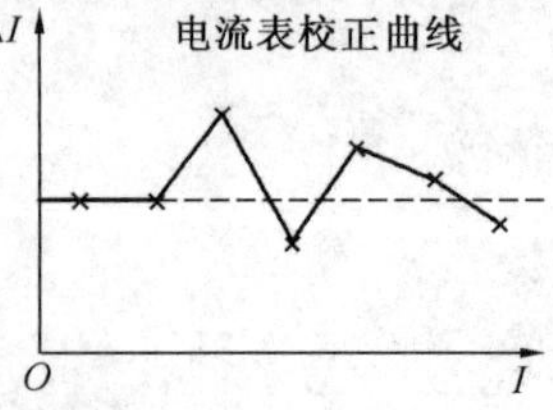

图 1.3.1　校准曲线

通过测量取得数据，只是人们寻找事物发展变化规律的第一步。第二步，人们要利用作图或其他方法，发现事物发展的内在规律。选取适当的坐标纸，把两组相关的测量数据中的每一对数值标成坐标纸的一个点，叫做数据点，然后根据实验的性质，或把这些点拟合成直线或曲线，或连成折线，如图 1.3.1 所示，这就是图示法。

作图的要求：

（1）必须用坐标纸作图，物理实验一般选用直角坐标纸，图纸的大小通常由数据的有效数字决定，如果数据很精确，而坐标纸很小，或者用白纸作图，作图的误差就远远大于实验误差。

（2）要画坐标轴，标明各轴所代表的物理量和单位，在轴上标出刻度，坐标原点的值不一定从 0 开始，坐标轴的端点画上箭头。

（3）要注意使所绘曲线均匀地充满图纸，不应偏于一边或缩于一角，坐标纸上的最小分格应与仪器的准确度相当。

（4）根据实验数据在坐标纸上描出数据点，不同曲线上的点用不同的符号来表示，如“×”、“O”、“Δ”、“⊙”等。

（5）根据数据点作出拟合直线或拟合曲线，使各数据点均匀地分布在该线的两侧，各数据点到拟合曲(直)线的距离(沿纵轴方向)之和为最小。拟合直线用直尺画，拟合曲线用曲线板(云规)画。

（6）在图纸的明显位置写出图的名称，标出作者的姓名、班级以及当时的实验条件。

2. 图解法

利用已经做好的曲线，求出待测量或得到经验方程，叫做图解法。在物理实验中，用图解法求直线的斜率，经常碰到，如图 1.3.2 所示。

图解法的步骤：

（1）“两点定一直线”，在拟合直线上选取距离不要太近的两个点 $A(x_1, y_1)$ 和 $B(x_2, y_2)$，其坐标值在坐标纸上读出，并用特殊记号标出，这里特别强调：两个点不能是数据点。

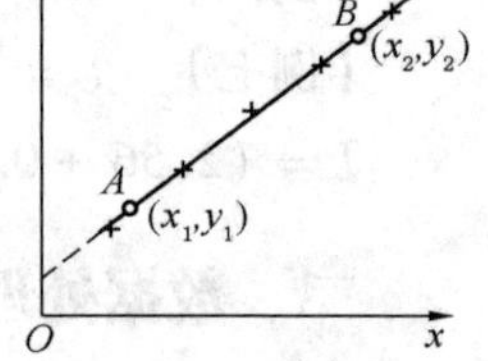

图 1.3.2　拟合直线

（2）直线方程 $y = A + Bx$ 的斜率由下式求出：

$$B = \frac{y_2 - y_1}{x_2 - x_1} \tag{1.3.1}$$

（3）直线截距可以通过延长直线交纵轴于一点，该点与坐标原点的距离称为截距。也可以用下式计算：

$$A = \frac{x_2 y_1 - x_1 y_2}{x_2 - x_1} \tag{1.3.2}$$

（三）逐差法

在物理实验中，常常遇到当自变量等间隔变化时，需要求线性函数变化量的平均值的问题。比如在“杨氏模量的测定”实验中，金属棒的弯曲位移与所加砝码的质量是线性关系（在弹性极限内），每次加载相同质量的砝码 M_i，逐次从读数显微镜读出金属棒的弯曲位移 Z_i，若求每加一个砝码所引起弯曲位移读数变化的平均值，如果按下面的方法算：

$$\overline{\Delta Z} = \frac{1}{n}\sum_{i=1}^{n}(Z_{i+1} - Z_i) = \frac{1}{n}[(Z_2 - Z_1) + (Z_3 - Z_2) + \cdots + (Z_n - Z_{n-1})] = \frac{1}{n}(Z_n - Z_1)$$

可见这种算法只有始末两次读数有用，其他读数纷纷抵消，体现不出多次测量的优越性。

采用逐差法能够避免出现这种情况。它的基本做法是：将线性变化的数据（Z_1，Z_2，Z_{i}，…，Z_n）分为两组（前组为 Z_1，Z_2，…，$Z_{n/2}$；后组为 $Z_{n/2+1}$，$Z_{n/2+2}$，…，Z_n），把间隔为 $n/2$ 的项依次相减，即

$$\Delta Z_j = Z_{n/2+j} - Z_j \qquad j = 1,\ 2,\ \cdots,\ n/2$$

再求逐差项的平均值

$$\overline{\Delta Z} = \frac{n}{2}\sum_{j=1}^{n/2}|Z_{n/2+j} - Z_j| \tag{1.3.3}$$

用逐差法求的平均值准确度较高。

【例八】 杨氏模量的测量数据如下表。M_i 表示每次加载砝码的质量，Z_i 表示从读数显微镜读出金属棒的弯曲位移，用逐差法处理表 1.3.1 的数据。

表 1.3.1　金属棒的弯曲位移数据

i	1	2	3	4	5	6	7	8
M_i/g	10.00	20.00	30.00	40.00	50.00	60.00	70.00	80.00
Z_i/mm	4.990	5.162	5.338	5.462	5.575	5.735	5.876	6.032
$Z_{i+4} - Z_i$/mm	0.585	0.573	0.538	0.570				
$\overline{\Delta Z}$/mm	0.566							

注：表中的数据不能直接引用。

解：$Z_5 - Z_1 = 0.585\text{mm}$；$Z_6 - Z_2 = 0.573\text{mm}$；$Z_7 - Z_3 = 0.538\text{mm}$；$Z_8 - Z_4 = 0.570\text{mm}$。

$$\overline{\Delta Z} = \frac{0.585 + 0.573 + 0.538 + 0.570}{4} = 0.566\text{mm}$$

（四）最小二乘法

图示法用图线表示测量数据，直观而形象，但是不如用函数表示那样严格和定量化。用图解法处理数据，由于绘制图线有一定的主观随意性，同一组数据用图解法很可能得出不同的结果。为此介绍另外一种精确处理数据的方法，从一组实验数据中找出一条最佳的拟合直线，即最小二乘法。

设物理量 x、y 是线性关系，则可以写成下面的形式：

$$y = A + Bx \tag{1.3.4}$$

对 x 和 y 作了 n 次测量，有 n 组测量数据（x_1，y_1），（x_2，y_2），…，（x_n，y_n），为了简化讨论，假定只有 y 存在明显的随机误差，x 的误差可以忽略。最小二乘法认为：若方程（1.3.4）为最佳拟合直线，则实验测得的 y 值和用方程（1.3.4）算出的 y 值之间的偏差的平方和

$$S = \sum_{i=1}^{n} (y_i - A - Bx_i)^2$$

为最小，即

$$\begin{cases} \dfrac{\partial S}{\partial A} = -2\sum_{i=1}^{n}(y_i - A - Bx_i) = 0 \\ \dfrac{\partial S}{\partial B} = -2\sum_{i=1}^{n}[(y_i - A - Bx_i)x_i] = 0 \end{cases}$$

也就是

$$\begin{cases} \sum_{i=1}^{n} y_i - nA - B\sum_{i=1}^{n} x_i = 0 \\ \sum_{i=1}^{n} x_i y_i - A\sum_{i=1}^{n} x_i - B\sum_{i=1}^{n} x_i^2 = 0 \end{cases}$$

解之得

$$\begin{cases} A = \bar{y} - B\bar{x} \\ B = \dfrac{\bar{x}\cdot\bar{y} - \overline{x\cdot y}}{\bar{x}^2 - \overline{x^2}} \end{cases} \tag{1.3.5}$$

式中

$$\bar{x} = \frac{1}{n}\sum_{i=1}^{n} x_i;\ \bar{y} = \frac{1}{n}\sum_{i=1}^{n} y_i;\ \overline{x^2} = \frac{1}{n}\sum_{i=1}^{n} x_i^2;\ \overline{x\cdot y} = \frac{1}{n}\sum_{i=1}^{n} x_i y_i$$

为了检验线性拟合的好坏，定义相关系数

$$r = \frac{\overline{x\cdot y} - \bar{x}\cdot\bar{y}}{\sqrt{(\overline{x^2} - \bar{x}^2)(\overline{y^2} - \bar{y}^2)}} \tag{1.3.6}$$

r 越接近 1，x 和 y 的线性关系越好。

【例九】 某物理量与另一物理量呈线性关系：

$$y = A + Bx$$

测量数据如表 1.3.2，试用最小二乘法求出拟合直线方程。

表 1.3.2

x_i	y_i	$x_i y_i$	x_i^2	y_i^2
0	0	0	0	0
1	0.780	0.780	1	0.608
2	1.576	3.152	4	2.484
3	2.332	6.996	9	5.438
4	3.082	12.328	16	9.499
5	3.898	19.490	25	15.149
$\sum x_i = 15$	$\sum y_i = 11.668$	$\sum X_i y_i = 42.746$	$\sum x_i^2 = 55$	$\sum y_i^2 = 33.223$

$n=6$，$\bar{x}=2.5$，$\bar{y}=1.9447$，$\overline{x^2}=6.25$，$\overline{y^2}=3.7819$，$\bar{x}\cdot\bar{y}=4.8618$，$\overline{xy}=7.1243$

将以上结果代入式(1.3.5)和式(1.3.6)中，得出

$$A=1.9447-1.9393=0.0054$$

$$B=\frac{7.1243-4.8618}{9.1667-6.25}=0.7757$$

$$r=\frac{7.1243-4.8618}{\sqrt{2.917\times7.755}}=0.99996$$

直线方程为

$$y=0.0054+0.7757x$$

习　题

一、将下列各式的运算结果改写成正确形式：

(1) $34.740+10.28-1.0036=44.0164\text{m}$

(2) $(4.241\pm0.003)+(8.11\pm0.01)+(0.047\pm0.001)=12.398\pm0.014\text{m}$

(3) $12.34+1.234+0.01234=13.5863\text{kg}$

(4) $12.34\times0.234=0.288756\text{m}$

(5) $0.1234\div0.0234=5.2735\text{m}$

(6) $123\times456=56088\text{m}^2$

二、一圆柱体，高 $h=(10.00\pm0.01)\times10^{-2}\text{m}$，直径 $d=(5.00\pm0.01)\times10^{-2}\text{m}$，求体积及其不确定度。

三、写出下列仪器单次测量的误差：

(1) 最小刻度为1mm的米尺；

(2) 最小刻度为2℃的温度计；

(3) 最小刻度为0.02g的天平；

(4) 精度为0.05mm的卡尺；

(5) 1.0级，量程为150mA的电流表；

(6) 2.5级，量程为7.5V的电压表；

(7) 0.1级，使用阻值500Ω的电阻箱。

四、用米尺测量物体长度，得到以下数据：

$L_1=1.45\times10^{-2}\text{m}$，$L_2=1.43\times10^{-2}\text{m}$，$L_3=1.46\times10^{-2}\text{m}$，$L_4=1.44\times10^{-2}\text{m}$，

$L_5=1.45\times10^{-2}\text{m}$，$L_6=1.44\times10^{-2}\text{m}$，$L_7=1.46\times10^{-2}\text{m}$，$L_8=1.44\times10^{-2}\text{m}$，

$L_9=1.45\times10^{-2}\text{m}$，$L_{10}=1.47\times10^{-2}\text{m}$

用不确定度表示测量结果。

五、用公式 $R_x=\frac{R_1}{R_2}R_0$ 计算待测电阻 R_x，测得 $R_1=(100.0\pm0.1)\Omega$，$R_2=(200.0\pm$

0.2)Ω，$R_0=(185.0\pm0.2)\Omega$，求 R_x 及其不确定度。

六、以 I 为横坐标，S 为纵坐标，在坐标纸上作图，并计算斜率。

I/mA	0.2	6.0	10.5	15.5	21.0	26.2	31.6	36.8	42.1
S/mm	0.0	5.0	10.5	15.0	20.0	25.0	30.0	35.0	40.0

第二章　预备知识

第一节　物理实验仪器基本知识

一、长度测量仪器

1. 游标卡尺

游标卡尺是利用游标原理进行测量的一种通用量具，可以测量工件的内外尺寸、宽度、厚度、深度等。游标卡尺可分为三用卡尺、两用卡尺、双面卡尺和数显卡尺等。三用卡尺主要由主尺、游标和深度尺组成。见图 2. 1. 1。

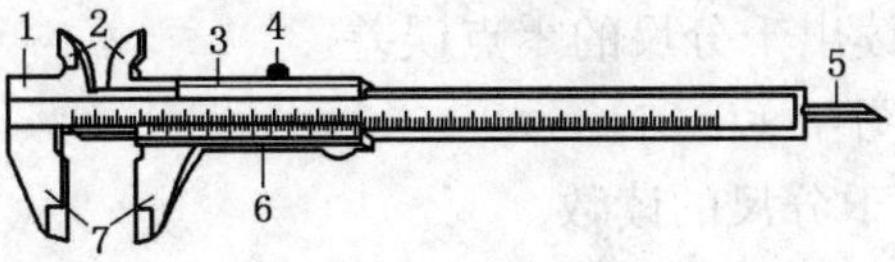

图 2. 1. 1　游标卡尺

1—尺身；2—内量爪；3—尺框；4—紧固螺钉；5—深度尺；6—游标；7—外量爪

图 2. 1. 2 中主尺最小刻度的长度为 1mm，游标上的最小刻度代表 0. 02mm，游标上的“1、2、3……”等数字分别代表 0. 10mm、0. 20mm、0. 30mm……。读数时，先看游标上的“0”线靠近哪一条主尺刻线，读出毫米数；然后判断游标上的哪一条刻线与主尺上某刻线对得最齐，游标上此刻线左边的数字乘以 0. 10mm，加上数字右边(对齐的刻线左边)的格数乘以 0. 02mm，是从游标上读的数；主尺读数和游标读数相加，就是待测物体的尺寸。

【例一】　图 2. 1. 2 所示游标卡尺游标上的最小刻度代表 0. 02mm，读出 l 的值。

$$l = 21.44\text{mm}$$

2. 千分尺

千分尺(螺旋测微计)是利用精密螺旋副进行测量的一种量具。千分尺按用途不同可分为外径千分尺、内径千分尺和深度千分尺等。外径千分尺由尺架、测砧、固定套管、微分筒、精密螺杆等组成。见图 2. 1. 3。

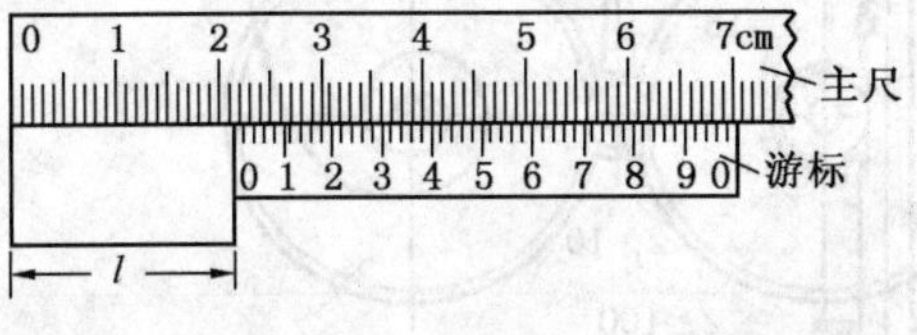

图 2. 1. 2

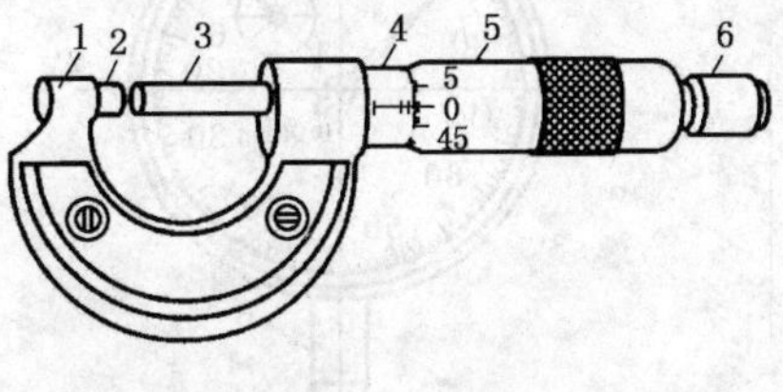

图 2. 1. 3　千分尺

1—尺架；2—测砧；3—测微螺杆；
4—固定管；5—微分套筒；6—手柄

以移动量为 25mm 的千分尺为例(图 2. 1. 4)，在其固定套管上刻有一条水平刻线。水平刻线上方(或下方)有 25 个刻线，间距为 1mm，水平刻线的下方(或上方)靠右错开 0. 5mm

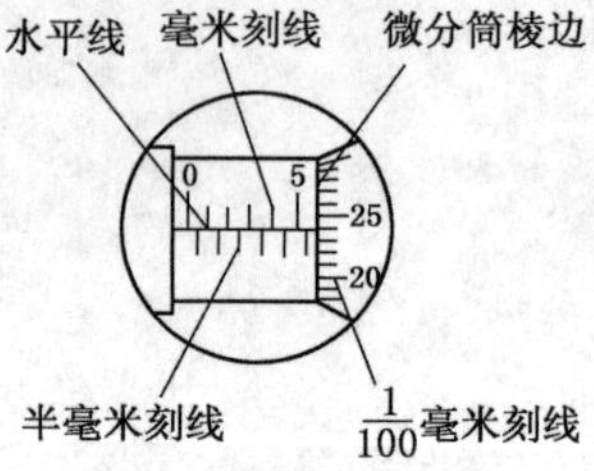

图 2.1.4

刻有 24 个刻线，微分筒的边缘作为毫米和半毫米的读数基准。微分筒上刻有 50 个刻线，精密螺杆的螺距是 0.5mm，当微分筒旋转一个刻线时，微分筒沿水平方向移动了 0.01mm，即微分筒上最小刻度的示值是 0.01mm。读数时需要估计到最小刻度的⅒，即估读到 0.001mm。

使用方法：

(1) 注意夹紧被测物体时，不能旋转微分筒，应该转动微分筒末端的手柄，当听到“咔咔”的响声后，停止转动。松开时才能旋转微分筒。

(2) 测量时，必须先对千分尺进行零点校准。轻轻转动微分筒末端的手柄，使螺杆和测砧接触，此时，如果微分筒的零线和固定套管的水平刻线对齐，且微分筒的边缘与固定套管的零线重合，则千分尺的零点误差为 0.000mm；若微分筒的零线在固定套管的水平刻线之上，则零点误差为正值；若微分筒的零线在固定套管的水平刻线之下，则零点误差为负值；其大小由微分筒零线偏离固定套管水平刻线的格数确定。

(3) 用完后，使螺杆和测砧之间留有一定间隙，并用锁紧纽锁紧。

【例二】 见图 2.1.5，读出千分尺的零点误差。

左图：-0.004mm；右图：+0.011mm。

【例三】 读出图 2.1.6 千分尺的读数。

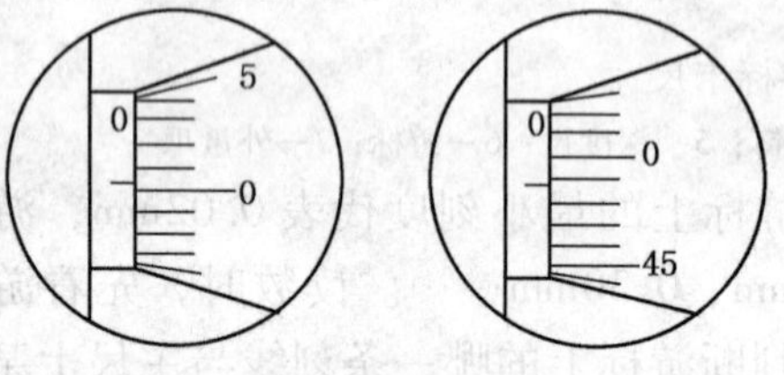

图 2.1.5

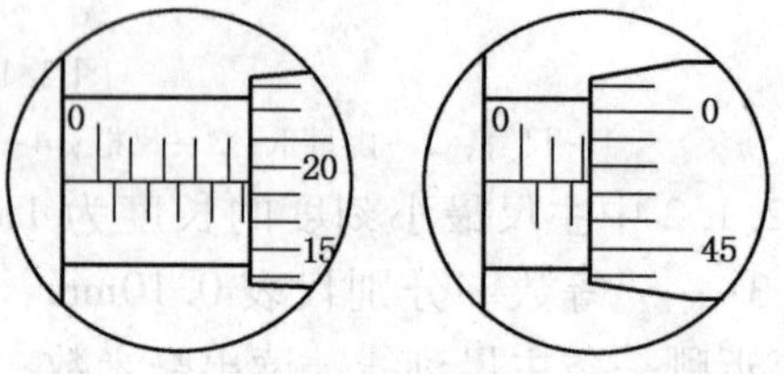

图 2.1.6

左图：4.685mm；右图：1.975mm。

3. 百分表

百分表是用齿轮齿条机构，将测杆的微小位移转变成指针的角位移，由指针在刻度盘上指示位移的值。刻度盘上最小分度值为 0.01mm，估读到 0.001mm。

见图 2.1.7。

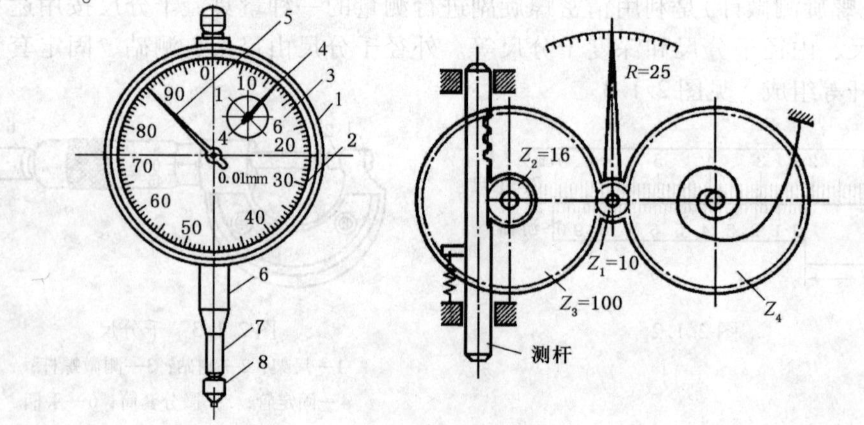

图 2.1.7 百分表

1—表体；2—表圈；3—刻度盘；4—毫米指针；5—指针；6—固定套；7—测杆；8—测头

二、质量测量仪器

1. 物理天平

物理天平的构造见图 2.1.8。其砝码质量由 1g 到 500g，1g 以下用游码，使用游码能准确读到 0.1g，估读到 0.01 砝码和移动游码 g。

物理天平的操作步骤：

（1）调水平。转动底座下面的调节螺母，直到水平仪的气泡位于中间。

（2）调零点。将两个秤盘的挂钩同时挂在横梁两端的刀口上，再将游码移至零点，转动升降旋钮升起横梁，观察指针摆动，若指针摆动左右对称，说明天平零点已经调好。若指针摆动不对称，应立即放下横梁，调节横梁两端的平衡螺母，直到指针摆动对称为止。

（3）称衡。按照“左物右码”的原则操作，升起横梁观察指针摆动是否对称，若不对称，则放下横梁，使用镊子从大到小依次更换砝码，小于 1g 时移动游码。反复操作，直至指针摆动对称。砝码质量和游码读数之和即为物体质量。

（4）称量结束。制动天平，取下物体，砝码放回盒中，使秤盘的挂钩脱离横梁的刀口。

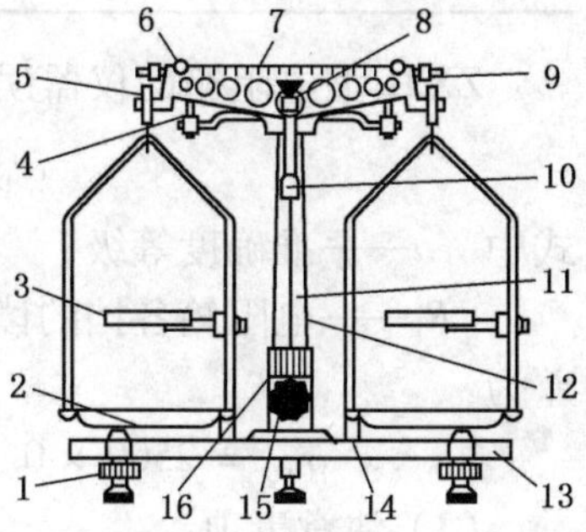

图 2.1.8 物理天平

1—调平螺母；2—秤盘；3—托架；4—支架；5—挂钩；6—游码；7—横梁；8—刀口；9—平衡螺母；10—感量调节器；11—指针；12—支柱；13—底座；14—水平仪；15—升降旋钮；16—指针标尺

2. 电子天平

电子天平由称量传感器、电子线路和数码显示等几部分组成。电子天平具有使用简便、读数方便等特点。

三、电学测量仪器

1. 电阻箱

（1）电阻箱的构造和使用

电阻箱由若干个数值准确的固定电阻（用锰铜合金丝绕制）组成，并联在诸如转臂、插塞等转换开关上。电阻的调节可通过转动面板上的六个旋钮来实现，每个旋钮代表不同的挡位，以 ZX21 型电阻箱为例，六个挡位分别是 ×0.1、×1、×10、×100、×1000、×10000。待测总电阻等于各旋钮示数与相应倍率乘积之和。每个挡位允许通过的电流是不同的。见图 2.1.9。

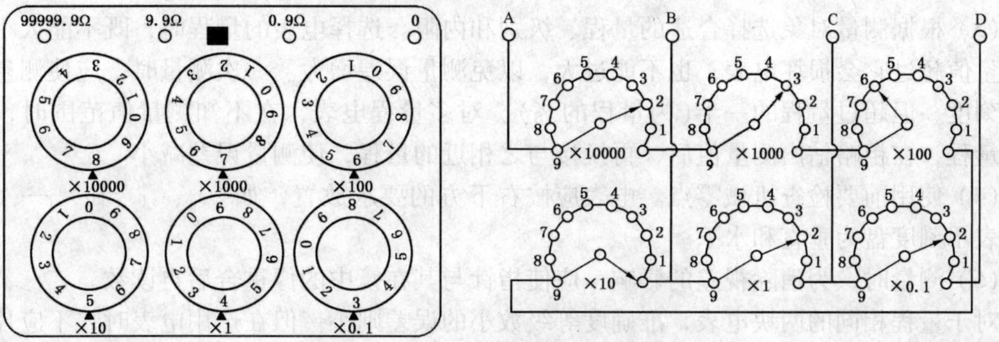

图 2.1.9 电阻箱及内部线路图

(2) 电阻箱的准确度

电阻箱不同挡位的准确度等级不同，ZX21 型电阻箱的准确度等级见表 2.1.1。

表 2.1.1　电阻箱不同挡位对应的准确度等级

挡　位/Ω	×10000	×1000	×100	×10	×1	×0.1
准确度等级 a		0.1		0.2	0.5	5.0

ZX21 型电阻箱的仪器误差可由下式计算：

$$\sigma_{仪} = \pm \sum R_i \times a\% \qquad (i = 1 \sim 6)$$

式中　a——准确度等级；

R_i——电阻箱各挡的读数。例如，ZX21 型电阻箱的电阻值为 2568.5Ω，则它的仪器误差为：

$$\sigma_{仪} = 2500 \times 0.1\% + 60 \times 0.2\% + 8 \times 0.5\% + 0.5 \times 5\% \approx 2.7\Omega$$

(3) 注意事项

a. 工作电流(电压)不能超过电阻箱的额定电流(电压)。

b. 使用前应将各旋钮来回转动几次，减小接触电阻。

c. ZX21 型电阻箱有 4 个接线柱，当需要阻值≥10Ω 时，应接在 99999.9Ω 接线柱上；需要阻值≤0.9Ω 时，应接在 0.9Ω 接线柱上；需要阻值在 0.91～9.9Ω，应接在 9.9Ω 接线柱上。

2. 直流电表

物理实验常用的电表有直流电流表和直流电压表。使用时应注意：

(1) 直流电流表是用来测电流的，应串接在电路中；直流电压表是用来测电压的，应并接在电路中。对直流电表，必须注意正、负极不能接反。

(2) 指针式电表按准确度大小分为 0.1、0.2、0.5、1.0、1.5、2.5、5.0 七个等级。电表的准确度等级其实是电表基本误差的百分数形式。见表 2.1.2。电表的准确度等级用 a 表示，标在表盘的右下方，a 越小，表的精度越高。电表的基本误差限为所用量程与准确度等级(百分数形式)的乘积。即

$$\sigma_{仪} = 量程 \times a\%$$

表 2.1.2

准确度等级	0.1	0.2	0.5	1.0	1.5	2.5	5.0
基本误差/%	±0.1	±0.2	±0.5	±1.0	±1.5	±2.5	±5.0

(3) 根据测量对象选择合适的量程、级别和内阻。选择电表的量程时，既不能太小，否则测量值超过它会损坏电表；也不能过大，以免测量误差增大。一次测量时，应使测量值小于满刻度，但超过量程的一半(为量程的⅔)。对多量程电表，在不知测量值范围时，应先接大量程，在粗略估出测量值后，再换接与之相近的量程，使测量误差减小。

(4) 使用前要检查机械零点。电表应按右下方的要求放置，如“⊥、↑”和“⊓、→”分别表示刻度盘为垂直和水平。

(5) 测量时，为消除视差的影响，应使指针与其在镜中的像重合后再读数。

对于量程相同的两块电表，准确度等级数小的误差则小。但在选用电表时，不应片面强调等级越高越好。因为测量误差也和量程的选取有关。例如，选用 1.0 级的电压表，量程选

3V，此时最大误差不超过

$$\sigma = 3 \times 0.01 = 0.03\mathrm{V}$$

用其测量电压，读数是2.50V，相对误差是

$$0.03/2.5 = 1.2\%$$

若用0.5级电压表，量程选30V，此时最大误差限为

$$\sigma = 30 \times 0.005 = 0.15\mathrm{V}$$

用其测量电压，读数是2.5V，相对误差是

$$0.15/2.5 = 6\%$$

所以不仅根据需要选择等级合适的电表，还要根据被测量的大小，选用合适的量程。所选量程太小会损坏电表；选用的量程过大，会因指针偏转太小而增加了测量误差。在同一量程中，指针偏转越大，相对误差越小，测量准确度越高。测量中应尽可能使指针偏转较大，一般要求指针偏转超过满度的2/3以上，这样测量误差就比较小。

3. 数字电压表(数字万用表)

数字电压表由于具有准确度高、测量速度快、显示直观、输入阻抗高等优点，得到越来越广泛的应用。数字电压表配有其他转换电路(如交直流转换器、电压电流转换器、欧姆电压转换器等)，可以测量电压以外的各种电学量，如电流、电阻、电容、频率等，这种功能齐全的电表又成为数字万用表。数字电压表按显示位数分，可分为三位半、四位半、五位、六位、八位等；按质量和体积分，可分为袖珍式、便携式和台式。

(1) 数字电压表特性

a. 位数：指数字电压表能完整显示数字的最大位数。能显示出0~9这十个数字的称为一个整位，显示数字不到十个数字的称为半位，半位都是出现在最高位。

b. 量程：数字电压表有一个基本量程，是1:1的衰减量程，在此基础上量程加以扩展，比如，直流电压的量程分为五挡：200mV、2V、20V、200V、1000V。

c. 分辨率：数字电压表的最小量程所能显示的最小可测量值。

d. 仪器误差(或称准确度)：数字电压表的仪器误差表示为

$$\Delta_{仪} = \alpha\% \cdot V_x + \beta\% \cdot V_m$$

式中，V_x 是读数，V_m 是满度值，$\alpha\% V_x$ 是读数 V_x 的误差，$\beta\% V_m$ 是仪器模—数转换时的固定误差。例如，表2.1.3中，量程为20V时，$\alpha = 0.5$，$\beta\% \cdot V_m = 3$。

e. 抗干扰能力：数字电压表的抗干扰能力一般大于60dB以上。

表2.1.3列出了VC9805A型数字万用表的技术指标(直流电压部分)。

表2.1.3

量程	准确度	分辨率
200mV	±(读数×0.5%)+3	100μV
2V		1mV
20V		10mV
200V		100mV
1000V	±(读数×0.8%)+10	1V

(2) 数字电压表使用注意事项

a. 测量前，将黑表笔插入“COM”插孔，红表笔插入“VΩHz”插孔。

b. 将功能开关转至“V”挡，如被测电压大小未知，应选择最大量程，再逐步减小，直到获得分辨率最高的读数。

c. 测量直流电压时，将“DC/AC”键弹起置 DC 测量方式；测量交流电压时，将“DC/AC”键按下置 AC 测量方式。

d. 数字表的读数显示率约为 2 ~4 次/s，读数时，一定要等数字显示稳定后再读，不能当显示屏上一出现数字时就读数。

e. 数字电压表具有自动关机功能，开机后 15min 会自动切断电源。此时想再使用，可按电源开关开机。

四、光学测量仪器

1. 常用光源

(1) 溴钨灯

溴钨灯是白炽灯的一种。它是在钨丝灯泡中加入微量卤素元素溴制成。当灯丝通电加热后，从灯丝中蒸发出的钨原子与溴反应，生成卤化物沉积在灯泡壁上，而灯泡加热到一定温度后，沉积在灯泡壁上的卤化物受热挥发又回到灯丝上，于是形成了钨—卤—钨的循环，大大减少了钨的蒸发，提高了发光效率，使用寿命也普通白炽灯提高了不少。溴钨灯体积小，亮度高，可以作为强白光源、幻灯机、摄影机等光源。

(2) 汞灯

汞灯依靠灯管内的汞蒸气在高电压作用下产生弧光放电而发光。按照工作时汞蒸气的压强高低，汞灯分为低压汞灯、高压汞灯和超高压汞灯三种。

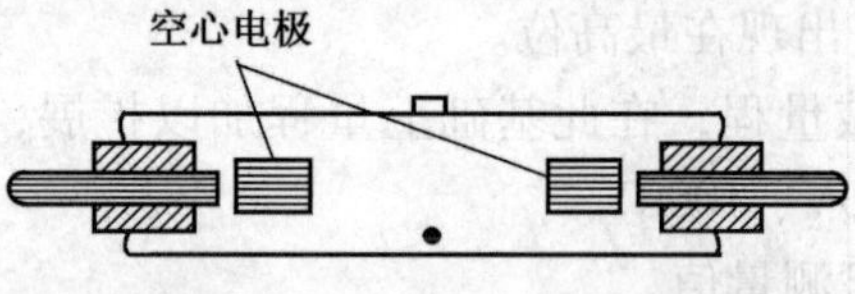

图 2.1.10　低压汞灯结构示意

低压汞灯的汞蒸气压在一个大气压以下，其管内结构见图 2.1.10。在可见光区内的强谱线有：404.7nm，435.8nm，546.1nm，577.0nm，579.0nm。

高压汞灯的汞蒸气压一般在几个至 25 个大气压，因而大大提高了发光强度和发光效率。其结构如图 2.1.11 所示。在圆柱形石英真空管内的两端各有一个涂有氧化物的主电极，其中一个主电极旁边有一个辅助电极(触发电极)。辅助电极通过一只高电阻与不相邻的主电极连接。通电后，220V 交流电压加在相邻的主电极与辅助电极之间，在电场的作用下，产生辉光放电，于是产生大量的汞离子，引起两主电极之间弧光放电。待到汞全部蒸发后，灯管开始正常发光。从起辉到正常发光大约需要几分钟的预热时间。关灯后也需要差不多的冷却时间。如果关灯后需要重新启动，一定等几分钟，待汞蒸气凝结后，再接通电路。否则，易造成高压汞灯的损坏。

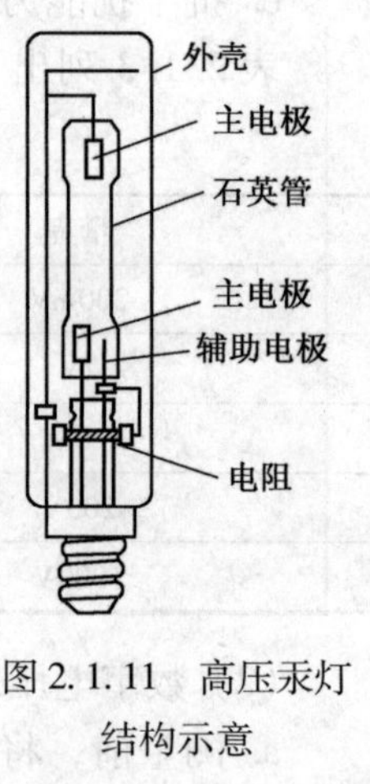

图 2.1.11　高压汞灯结构示意

(3) 钠灯

钠灯是将金属钠封在抽净空气的玻璃管内，管中充以少量惰性气体。其发光原理与汞灯类似钠灯。钠灯在可见光区内有 589.0nm 和 589.6nm 两条强谱线，普通仪器无法把这两条谱线分开，故通常把钠灯作为平均波长为 589.3nm 的单色光源用。

(4) 激光器

a. He - Ne 激光器

He - Ne 激光器是物理实验中使用较多的光源之一，它以氦、氖混合气体为工作物质，主要发出波长为632.8nm激光光束。He－Ne激光器由激光电源和激光管两部分组成，有的激光器把这两部分组装在一起。激光管是一个气体放电管，管内充有氦、氖混合气体，管的两端装有镀着多层介质膜的反射镜，构成谐振腔。有的He－Ne激光器将反射镜安装在放电管外，如外腔式或半外腔式，便于调节和更换。如果放电管的窗口与管轴成布儒斯特角，则发出线偏振光。

He－Ne激光器所发出的激光具有方向性好，单色性好，亮度高，相干性和稳定性高等优点，适合作单色光源和定向光源。使用激光器时眼睛不能直视激光，以免造成伤害。手不能触摸激光器裸露的接头，避免触电。

b. 半导体激光器

半导体激光器是近年来在物理实验中应用越来越多的光源之一。图2.1.12为GaAs p－n结正向注入式激光器的示意图。产生激光必须满足三个基本条件：粒子数的分布反转、谐振腔和阈值条件。粒子数反转就是高能级上的电子数目要超过低能级上的电子数目。半导体激光器除了有p区和n区外，中间还有一个不掺杂的结区。当p－n结加正偏压U时，降低了p区和n区之间的势垒，电子和空穴分别从n区和p区向结区注入，形成粒子数反转。在激光器垂直于p－n结平面的两端，通过解理产生两个相互平行的光滑表面，形成谐振腔。在结区内，电子由导带向价带跃迁时，产生一定波长的光，这些光在两端面上来回反射通过结区，同时又引起新的电子跃迁，使光场不断增强. 当光的增益大于损耗时，就形成受激发射，产生激光。要使光的增益大于损耗，这就是形成激光的阈值条件。结型激光器提供增益的手段是加正向电流。当正向电流较小，注入的载流子较少，增益未能克服腔的损耗时，也能发射光，但这是自发辐射. 当增益超过损耗时，腔内建立起振荡模式，发射谱线变尖锐，发射亮度剧增，这时开始发射激光。

半导体激光器体积小、质量轻、可靠性高、转换效率高、功耗低、驱动电源简单、能直接调制、结构简单、价格低廉、使用安全、其应用领域非常广泛。如光存储、激光打印、激光照排、激光测距、条码扫描、工业探测、测试测量仪器、激光显示、医疗仪器、军事、安防、野外探测、建筑类扫平及标线类仪器、实验室及教学演示、舞台灯光及激光表演、激光水平尺及各种标线定位等。

2. 光具座与光学平台

(1) 光具座

光具座的主体是一个平直的导轨，导轨长度1～2m不等，在其上可放置多个支架，进行一维光路的光学实验。各支架上的光学器件要保证同轴性。用He－Ne激光器调节同轴性较好，先用水平仪调节导轨保持水平，使激光束沿导轨方向，当光屏沿导轨平移时，调整到激光斑点在屏中心的位置不变，此时激光束平行于导轨。以激光束为准，依次调整各个光学器件共轴等高。见图2.1.13。

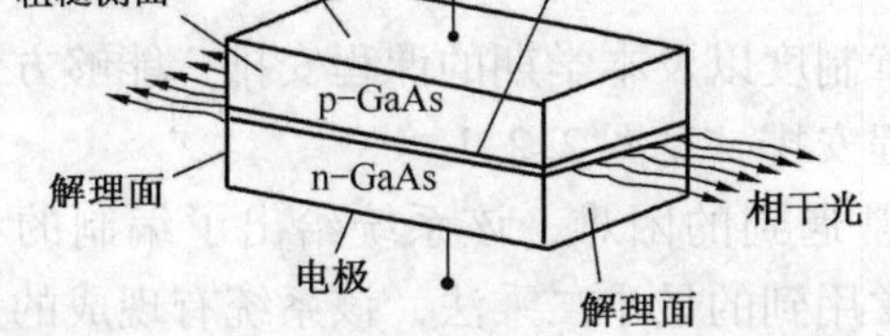

图2.1.12　GaAs p－n结正向注入式激光器示意

图2.1.13　光具座

（2）光学平台

光学平台是用钢板做的稳定性很好的平台，在上面可进行二维甚至多维光路的光学实验。以二维光路的光学实验为例，先用水平仪调节平台保持水平，再使 He－Ne 激光光束平行于台面，当光屏沿着激光光束（包括反射后和折射后的激光光束）平移时，保持激光斑点在屏中心的位置不变，这样整个二维光路便平行于台面。见图 2.1.14。

3. 测微目镜

测微目镜的结构如图 2.1.15 所示。目镜 1 内侧固定了一块刻有毫米刻度的玻璃标尺 5，与标尺相距 0.1mm 处平行地放置一块玻璃分划板 6，分划板上刻有十字叉丝，可以随着鼓轮 7 的转动而移动。标尺的量程一般是 0～8mm，鼓轮转一圈，叉丝移动 1mm，鼓轮外圈上刻有 100 条等分的刻线，其上最小刻度代表 0.01mm，估读到 0.001mm。测微目镜的操作步骤如下：

（1）先调节目镜，看清楚十字叉丝。

（2）调节镜筒 3 与被测物体的间距，在目镜视场中清晰地看到被测物体的像，并仔细调节到被测物体的像与叉丝像均无视差。

（3）测量时应缓慢沿着一个方向转动鼓轮，中途不要反向。因为丝杠和螺母之间的螺纹有间隙，当反向转动鼓轮时，必须转过此间隙后叉丝才能反向移动，于是读数就产生了误差。

（4）叉丝中心不能移出标尺的刻度范围，如果叉丝已经到达标尺的一端，应反向转动鼓轮。

图 2.1.14　光学平台

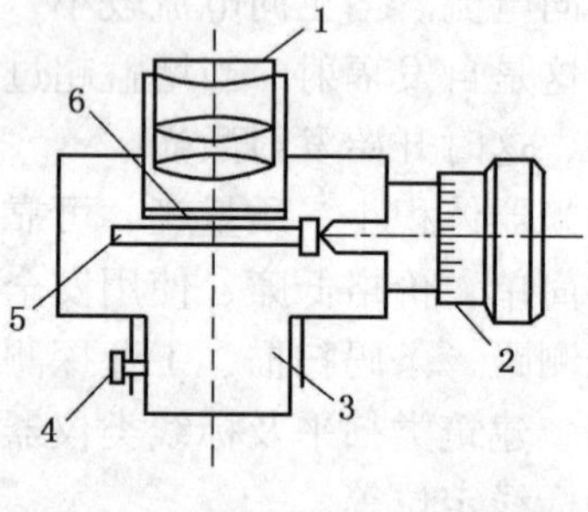

图 2.1.15　测微目镜结构示意

1—目镜；2—鼓轮；3—镜筒；4—紧固螺丝；
5—玻璃标尺；6—分划板

第二节　物理实验计算机网络预习与选课系统简介

物理教学与实验中心于 2005 年独立开发了“物理实验计算机网络预习与选课系统”。经过两年的使用，该系统已经成为广大师生排课、选课、网上预习、查询课程安排、成绩录入以及师生网上交流的网络信息化平台，在我校物理实验课程开放式教学中发挥了重要作用。下面简要介绍该系统的各项功能。

（1）该系统的首页有物理实验室的简介、规章制度以及本学期的课程安排，能够方便学生了解实验室的基本情况和本学期本班的实验课程安排。见图 2.2.1。

（2）针对一些学生在计算物理实验数据中经常遇到的困难，该系统给出了编制的小程序，降低了学生计算的难度。例如，物理实验中常用到的最小二乘法，该系统有现成的计算器。见图 2.2.2。

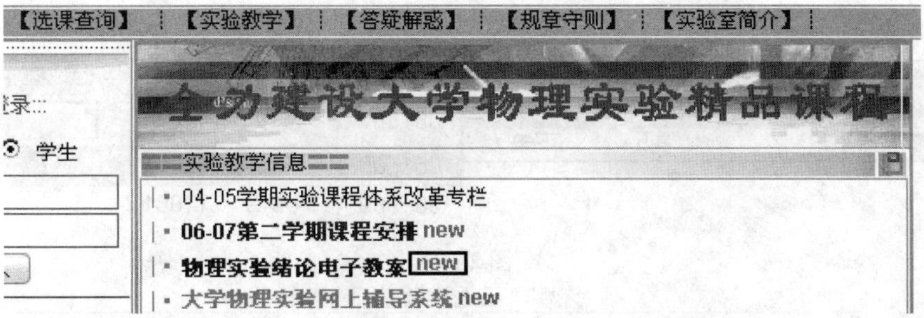

图 2.2.1

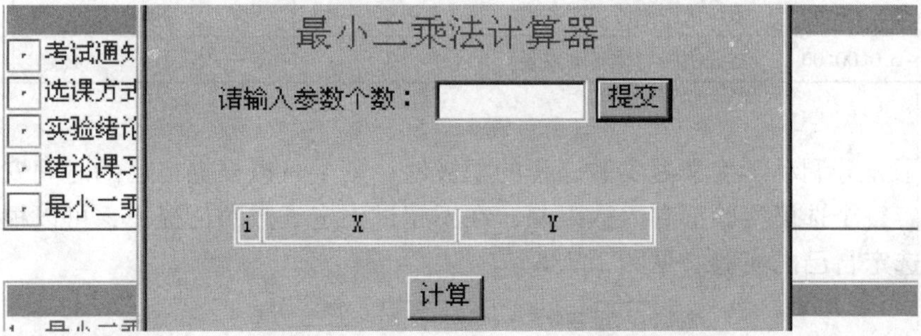

图 2.2.2

（3）该系统有基于 Web 的物理实验预习和辅导分系统。该预习辅导分系统利用先进的计算机网络以及多媒体技术，使学生在做实验之前看书的同时，结合仪器图片、视频教学、趣味问题解答等内容进行预习，能够提高学生对实验课程的学习兴趣。见图 2.2.3。

图 2.2.3

（4）该系统有老师和学生的课程查询界面，老师可以查询自己的课程安排以及该课程下的学生名单，也可以在该界面下给学生登记成绩。学生可以查询自己的实验安排并了解自己的实验成绩。见图 2.2.4 和图 2.2.5。

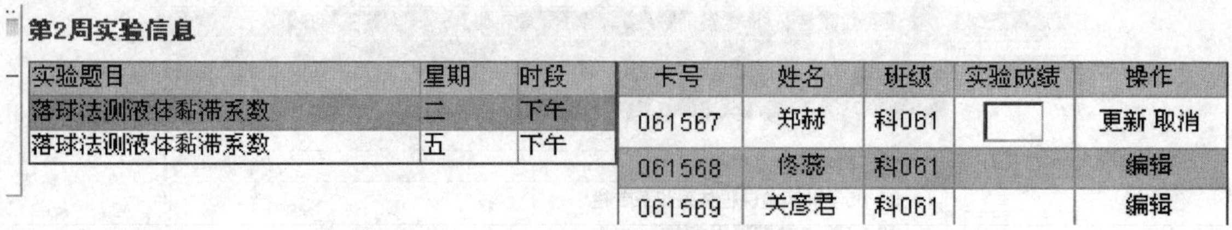

图 2.2.4

许娜　已选实验信息

选项	选课时间	实验题目	周次	星期	时段	地点	类别	指导教师
	2007－3－5 0:00:00	落球法测液体黏滞系数	3	一	下午	309	必修	张奕林
	2007－3－5 0:00:00	扭摆法测物体转动惯量	5	一	下午	108	必修	张奕林

图 2.2.5

（5）为了充分调动学生学习实验课程的积极性，学生可以根据自己的时间安排和兴趣实行网上选课。每个选修实验都有人数限制，在不超过限定人数的情况下，可以根据周数、星期、时间段选定自己的实验。见图 2.2.6。

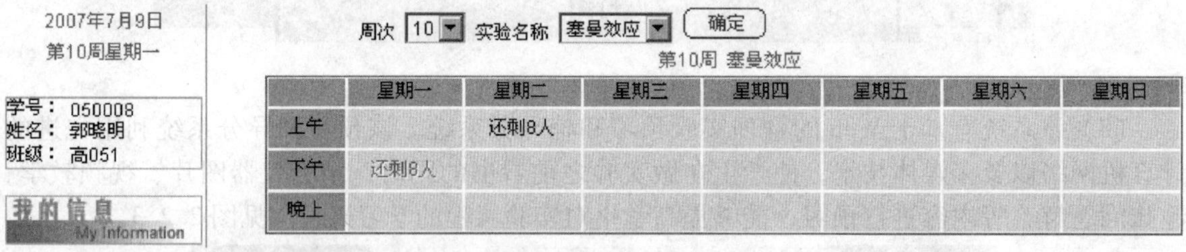

图 2.2.6

（6）物理实验网有一个 BBS 论坛，可以由答疑解惑菜单栏进入，是老师和学生交流的平台。老师可以通过 BBS 公布哪些学生缺交哪个实验报告，学生可以向老师提出问题，老师可以予以解答等。BBS 有多级回复功能。见图 2.2.7。

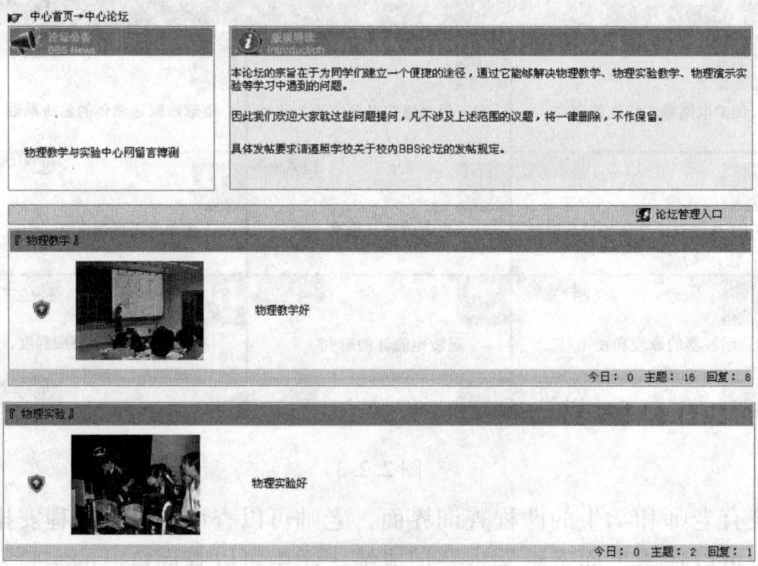

图 2.2.7

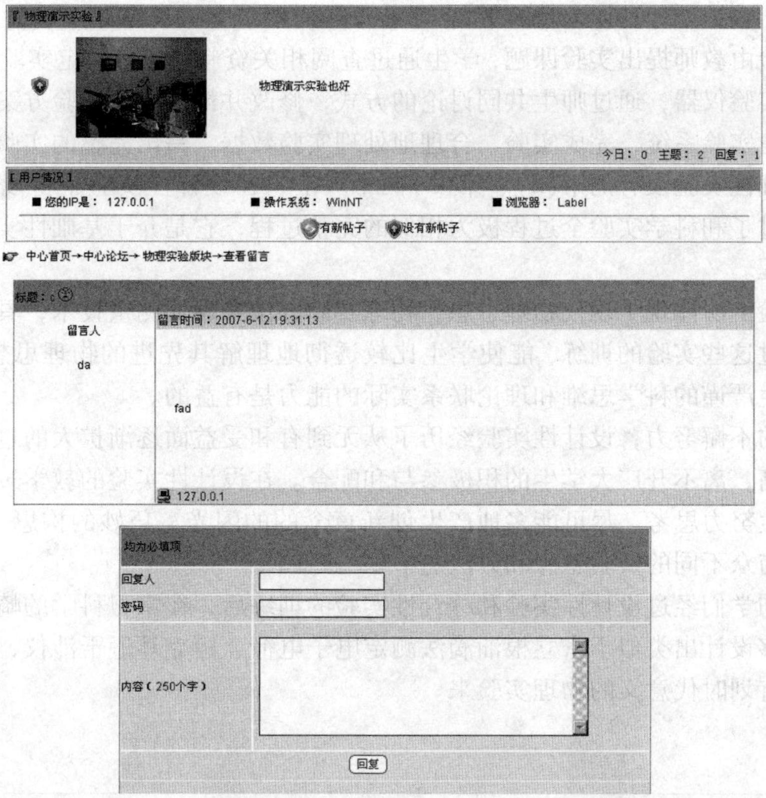

图 2. 2. 7(续)

第三节　设计性实验和综合性实验简介

科学实验的全过程由图 2. 3. 1 说明：

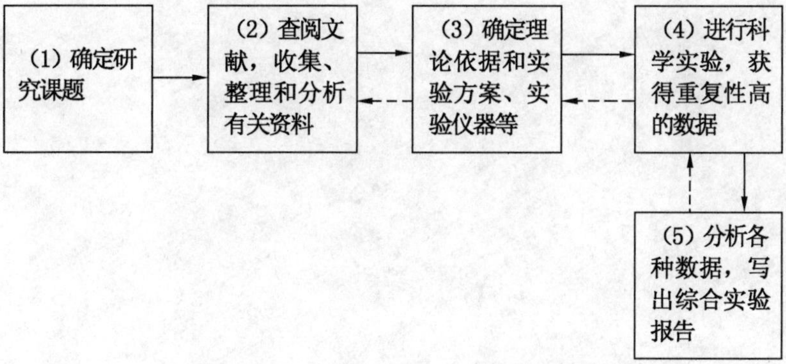

图 2. 3. 1

图中实线箭头表示各个环节进行的方向，虚线箭头表示反思和修改。

物理实验由基础性实验、综合性实验、设计性实验和研究性实验组成。基础性实验都是在教学实践中长期使用的成熟实验。基础性实验是对学生进行系统的实验方法和技能训练中一个无法逾越的阶段。基础性实验发生在科学实验全过程中的第(4)、第(5)个环节，并且是单向进行的。在第(4)个环节，学生用心于学习和接受相关的实验知识上；在第(5)个环节，学生用心于数据处理和误差计算上。

设计性实验由教师提出实验课题，学生通过查阅相关资料，初步确定实验方案和理论依据，初步选择实验仪器，通过师生共同讨论的方式，修改并最后确定实验方案。学生在教师的指导下，组建实验系统，完成实验，合理地处理实验数据，写出完整的实验报告和实验总结。可见，基础性实验没有的第(2)、第(3)两个环节，在设计性实验中得以体现。设计性实验使学生经过了和科学实验全过程极为相似的完整过程，它是介于基础性实验和科学实验之间的教学过程。

综合性实验鲜明体现了现代物理思想、物理实验方法和现代测量技术，具有一定的工程应用价值。通过这些实验的训练，能使学生比较透彻地理解其先进的物理思想和实验方法，这对于培养学生严谨的科学思维和理论联系实际的能力是有益的。

经过几年的不懈努力，设计性实验经历了从无到有和受益面逐渐扩大的过程。设计性实验的发展和提高，离不开广大学生的积极参与和配合。在设计性实验的教学过程中，老师会启发和鼓励学生努力思考，尽可能多地产生创新意念的的闪光、巧妙的构思、灵活的技巧、精心的设计和与众不同的实验思想和方法。

衷心希望同学们经过设计性实验和综合性实验的训练后，在学习科学的崎岖山路上不断攀登，将来能够设计出类似于密立根油滴法测定电子电荷、迈克耳逊干涉仪、光电效应测普朗克常数等具有划时代意义的物理实验来。

第三章　基础性实验

实验一　落球法测定液体的黏滞系数

【实验目的】

一、观察液体的内摩擦现象，学会用落球法测定流体的黏滞系数。

二、掌握基本物理量——时间、长度、质量的测量方法。

【实验原理】

一个小球在液体中运动时，将受到三个力的作用，即重力、浮力和与运动方向相反的摩擦阻力作用，这种阻力即为黏滞力。它由粘附在小球表面的液体层与邻近液层摩擦而产生，如果液体是无限广延的，液体的黏滞性较大，小球的半径很小，而且在运动过程中不产生旋涡，则根据斯托克斯定理，小球受到的黏滞力为：

$$f=6\pi r\eta v=3\pi d\eta v \tag{3.1.1}$$

式中，η 是液体的黏滞系数，r 是小球的半径，d 是小球的直径，v 是小球的运动速度。

若让小球自由下落，如图 3.1.1 所示，落入液体后开始时，小球的下落速度较小，黏滞阻力也较小，垂直向下的重力大于垂直向上的浮力及黏滞力的和，小球向下做加速运动，随着小球速度的增加，黏滞力也增加，很快地当速度达到某一值 v_0 时，小球受的合力为零，此后小球就以该速度匀速下落。

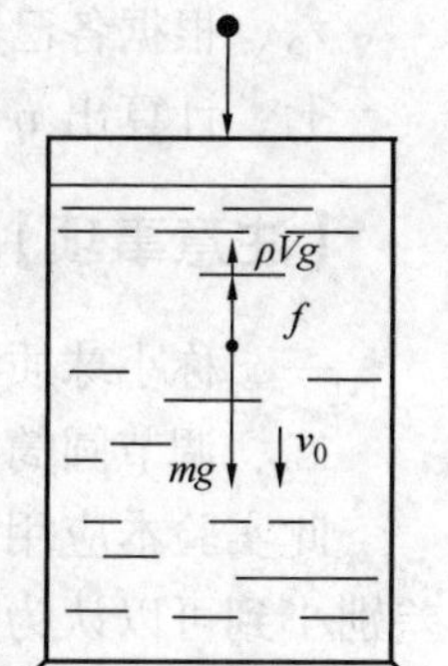

图 3.1.1

即根据力的平衡有：

$$3\pi d\eta v_0 = mg - \rho gV \tag{3.1.2}$$

式中，m 是小球的质量，V 是小球的体积，ρ 是液体的密度。g 是重力加速度。

由式(3.1.2)可得液体黏滞系数为：

$$\eta = \frac{mg-\rho gV}{3\pi d v_0} \tag{3.1.3}$$

式(3.1.3)是小球在无限广延的流体中运动的条件下导出的，如果考虑到实验中，小球是在内径为 D，液体高度为 H 的玻璃圆筒中下落，则上式应修正为：

$$\eta = \frac{mg-\rho gV}{3\pi d v_0\left(1+2.4\dfrac{d}{D}\right)\left(1+3.3\dfrac{d}{2H}\right)} \tag{3.1.4}$$

只需要测定：ρ、m、d、H、D、v_0 等值，就可以算出液体的黏滞系数。

实验中所用液体为甘油，当温度 $T=0℃$ 时，甘油的密度 $\rho_0=1.26\times10^3\mathrm{kg/m^3}$，当 $T\neq0℃$ 时，考虑到甘油的体积膨胀，必须将密度修正为：

$$\rho = \frac{\rho_0}{1+\beta T} \tag{3.1.5}$$

式中，β 为甘油的体膨胀系数，值为 $5\times10^{-4}/℃$。

【实验仪器】

盛有待测黏滞系数甘油的玻璃圆筒、游标卡尺，千分尺、米尺、秒表、温度计、电子天平、10 个小钢球。

【实验内容】

一、选择 10 个表面光滑直径相同的小钢球，用螺旋测微计测出直径 d，每个小球分别测其直径 1 次。

二、将 10 个小钢球，一起放在天平上称其质量 M，则每个小钢球的质量为 $M/10$。

三、调节圆筒，使其中心轴处于铅直位置，用游标卡尺测量圆筒的外直径 3 次(注意测不同位置)，分别减去玻璃厚度为 0.5cm，可得圆筒内径 D_1、D_2、D_3。用米尺量出标志线 N_1 与 N_2 之间距离 S 及液体深度 H。

四、先将小钢球放在甘油中浸一下，使钢球表面完全被甘油浸润，然后用镊子夹起放在圆筒内液面中心位置，让小球下落，用秒表测出小球从标志刻线 N_1 处落到 N_2 处的时间 t，由 $v=H/t$ 计算速度 v_0（测量时眼睛应平视，即使视线与标志线在同一水平面上），分别测量已编号的小球各自下落的时间 t；记在相应编号位置上。

五、记下此时的油温 T。

六、根据各已知数据按照式(3.1.4)计算出 η 值。

七、计算出 η 的不确定度，并写出实验结果的正确表达式。

【注意事项】

一、称小球质量时，应彻底清除油污，保持其干燥；

二、调节圆筒，使其中心轴处于铅直位置，定 N_1 与 N_2 的位置距离液面和筒底约 7cm。

此实验本应用一个小球重复测 n 次求 $\bar{t}$，得 $u_{\bar{t}}$，但不易做到，若小球的 d 非常一致，其差别小到可以认为是一样的小球，即能将重复测量的时间 t 取平均 $\bar{t}$，再求 η。

我们实验中小球 $\frac{u_{\bar{d}}}{d} \leqslant (0.5 \sim 1)\%$，故作为同一小球看。

【数据记录与处理】

一、圆筒直径(用卡尺在不同位置测外径三次，筒壁厚 2.5×10^{-3}m)

$D_1=$ ________m；$D_2=$ ________m；$D_3=$ ________m；

$\overline{D}=$ ________m；$\overline{D}_{内径}=\overline{D}-5\times10^{-3}=$ ________m。

二、几个待测量

N_1 与 N_2 之间的距离 $S=$ ________m；

液体的深度 $h=$ ________m；

油温 $T=$ ________℃；

10 个小钢球的总质量 $M=$ ________kg；每个小钢球的总质量 $m=$ ________kg。

三、测定10个小钢球直径(表3.1.1)

表3.1.1　千分尺零点读数 S_0 = ________ mm

编号	1	2	3	4	5	6	7	8	9	10
直径 d/mm										
$\bar{d}$/mm						$u_{\bar{d}}$/mm				

四、10个小钢球从 N_1 到 N_2 所需时间(表3.1.2)

表3.1.2

次数 时间	1	2	3	4	5	6	7	8	9	10
t/s										
$\bar{t}$/s					$u_{\bar{t}}$/s					

相对不确定度计算公式：

$$B=\frac{u_\eta}{\eta}=\sqrt{\left(\frac{\pi d^2\rho}{2(m-\rho V)}+\frac{1}{d}+\frac{2.4}{D+2.4d}+\frac{3.3}{2h+3.3d}\right)^2u_{\bar{d}}^2+\frac{1}{t^2}u_{\bar{t}}^2}$$

注：由于其他各量的不确定度较小可以忽略，因此只计算 d 和 t 的不确定度。

【思考题】

一、玻璃圆筒上部标志线 N_1 是否可以选取液面位置；为什么？

二、液体的黏滞系数与什么因素有关？

三、在同一高度放下两个小球，一个沿轴线，一个靠筒壁，观察它们的运动，并解释。

实验二　用扭摆法测定物体的转动惯量

转动惯量是刚体转动时惯性大小的量度，是表明刚体特性的一个物理量。刚体转动惯量除了与物体的质量有关外，还与转轴的位置和质量分布(即形状、大小和密度分布)有关。如果刚体的形状简单，且质量分布均匀，可以通过数学方法直接计算出它绕定轴的转动惯量。对于形状复杂、刚体质量分布不均匀的刚体，数学计算将极为复杂，通常采用实验方法来测定。因此，学会用实验方法测刚体的转动惯量具有重要的实际意义。

转动惯量的测量，一般都是使刚体以一定的形式运动，通过表征这种运动特征的物理量与转动惯量的关系，进行转换测量。测定转动惯量的实验方法有很多，如拉伸法、塔轮法、扭摆法、三线摆法等。本实验是物体扭转摆动，由摆动周期及其他参数的测定计算出物体的转动惯量。为了便于与理论值比较，在实验中仍采用形状规则的刚体。

【实验目的】

一、测定几种不同形状物体的转动惯量和弹簧的扭转常数，并与理论值进行比较。

二、验证转动惯量平行轴定理。

【实验原理】

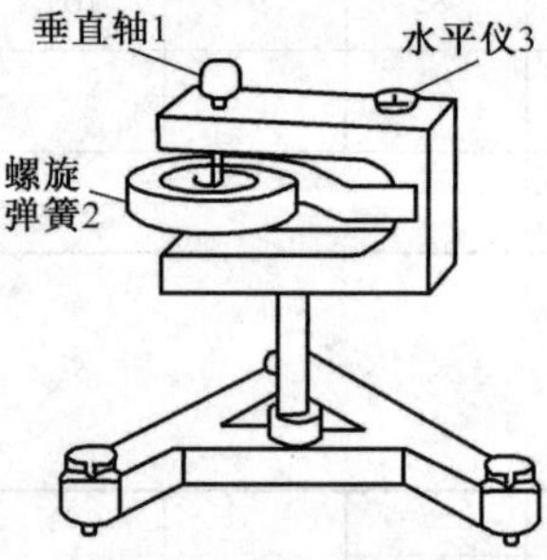

图 3.2.1 扭摆结构示意图

扭摆的结构如图 3.2.1 所示，在垂直轴 1 上装有一根薄片状的螺旋弹簧 2，用以产生恢复力矩。在轴上方可以装上各种待测物体。垂直轴与支座间装有轴承，以降低摩擦力矩。3 为水平仪，用来调整系统平衡。

将物体在水平面内转过一角度 θ 后，在弹簧的恢复力矩作用下，物体就开始绕垂直轴做往返扭转运动。根据虎克定律，弹簧受扭转而产生的恢复力矩 M 与所转过的角度 θ 成正比，即

$$M = -K\theta \tag{3.2.1}$$

式中，K 为弹簧扭转常数。根据转动定律

$$M = J\beta$$

式中，J 为物体绕转轴的转动惯量，β 为角加速度，由上式得

$$\beta = \frac{M}{J} \tag{3.2.2}$$

令 $\omega^2 = \frac{K}{J}$，忽略轴承的摩擦力矩，由式(3.2.1)、式(3.2.2)得

$$\beta = \frac{\mathrm{d}^2\theta}{\mathrm{d}t^2} = -\frac{K}{J}\theta = -\omega^2\theta \tag{3.2.3}$$

上述方程表示扭摆运动具有角简谐振动的特性，角加速度与角位移成正比，且方向相反。此方程的解为

$$\theta = A\cos(\omega t + \varphi) \tag{3.2.4}$$

式中，A 为谐振动的角振幅，φ 为初相位角，ω 为角速度。此谐振动的周期为

$$T = \frac{2\pi}{\omega} = 2\pi\sqrt{\frac{J}{K}} \tag{3.2.5}$$

或

$$J = K\frac{T^2}{4\pi^2} \tag{3.2.6}$$

由式(3.2.5)或式(3.2.6)可知，只要实验测得物体扭摆的摆动周期，并在 J 和 K 中任何一个量已知时即可计算出另一个量。

本实验通过已知转动惯量 J' 的塑料圆柱体(几何形状规则，J' 可根据理论公式计算)，分别测出载物盘、塑料圆柱体放在载物盘、金属圆筒放在载物盘、木球、金属细杆的摆动周期，由式(3.2.6)即可求出扭摆弹簧的扭摆常数 K 和物体绕转动轴的转动惯量 J。

理论分析证明：质量为 m 的刚体，对过其质心 c 的某一转轴的转动惯量为 J_C，则刚体对平行于该轴、和它相距为 d 的另一转轴的转动惯量 $J_{平行}$ 为：

$$J_{平行} = J_C + md^2 \tag{3.2.7}$$

称为转动惯量的平行轴定理。

【实验仪器】

包括扭摆、转动惯量测试仪、实心塑料圆柱体、空心金属圆筒、木球、金属杆、金属圆柱滑块、电子天平、游标卡尺、钢尺、螺旋测微器等。

以下对转动惯量测试仪(图 3.2.2)进行简单介绍。

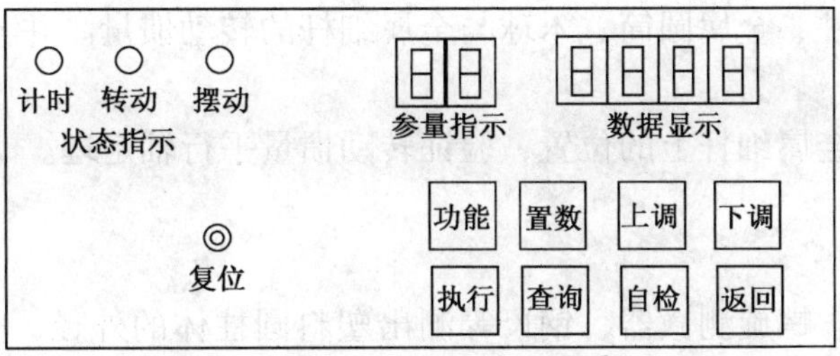

图 3.2.2　转动惯量测试仪

转动惯量测试仪由主机和光电传感器两部分组成，具有定数记时、定时计数、普通计数和分路计时等功能，本实验利用定数计时功能测定扭摆周期。光电探头由红外发射管和红外接受管组成，将光信号转换为脉冲信号，送入主机工作。仪器调整及使用方法如下：

一、调节光电传感器在固定支架上的高度，使被测物体的挡光杆能自由往返地通过光电门，再将光电传感器的信号传输线插入主机输入端。

二、开启主机电源，仪器面板上的扭摆指示灯亮，参量指示为“PI”、数据显示为“—”。开机及复位默认状态为“扭摆”，默认周期数为 10，执行数据皆空。

三、功能选择：按“功能”键，可以选择扭摆、转动两种功能(开机及复位默认值为扭摆)。注意：本实验选扭摆。

四、置数：按“置数”键，显示“n = 10”，按“上调”或“下调”键，周期依次加 1 或减 1，周期只能在 1 ~ 20 范围内任意设定，再按“置数”键确认，显示“F1 end”或“F2 end”，周期才予置完毕。更改后的周期不具有记忆功能，一旦切断电源或按“复位”键，便恢复原来的默认周期。

五、执行：按“执行”键，数据显示为“000.0”，表示仪器已处于等待测量状态，此时，当被测的往复摆动物体上的挡光杆第一次通过光电门时，仪器即开始连续计时，直至仪器所设定的周期数时便自动停止计时，由“数据显示”给出累计的时间，同时仪器自行计算周期“C1”予以存储，以供查询和做多次测量求平均值，至此，“P1”(第一次测量)测量完毕。

六、再按“执行”键，“P1”变为“P2”，数据显示又回到“000.0”，仪器处在第二次待测状态，本机设定重复测量的最多次数为 5 次，即(P1、P2、P3、P4、P5)。“执行”键还具有修改功能，例如要修改第三组数据，按“执行”键直到出现“P3 000.0”后，重新测量第三组数据。

七、查询：按“查询”键，可知每次测量的周期(C1 ~ C5)以及多次测量的周期平均值 CA，及当前的周期数 n，若显示“NO”表示没有数据。

八、自检：按“自检”键，仪器应依次显示“$n = N - 1$”，“$2n = N - 1$”，“SC GOOD”，并自动复位到“P1—”，表示单片机工作正常。

九、返回：按“返回”键，系统将无条件的回到最初状态，清除当前状态的所有执行数据，但予置周期数不改变。

十、复位：按“复位“键，实验所得数据全部清除，所有参量恢复初始时的默认值。

【实验内容】

一、熟悉扭摆的结构，使用方法，以及转动惯量测试仪的使用方法。

二、测定扭摆的仪器常数(弹簧的扭转常数)K。

三、测定塑料圆柱、金属圆筒、木球与金属细杆的转动惯量。并与理论值进行比较，求出百分差。

四、改变滑块在金属细杆上的位置，验证转动惯量平行轴定理。

【实验步骤】

一、用游标卡尺、螺旋测微器、钢尺等测出塑料圆柱体的外径，金属圆筒的内、外径，木球直径，金属细杆长度(各测 3 次)；并称出各个物体的质量。

二、调整扭摆基座底角螺丝，使水准泡中气泡居中。

三、装上金属载物盘，卡紧在扭摆垂直轴上，并调整光电探头的位置使载物盘上挡光杆处于其缺口中央且能遮住发射、接受红外光线的小孔。测定摆动周期 T_0。

四、将塑料圆柱体垂直放在载物盘上，测定摆动周期 T_1。

五、用金属圆筒代替塑料圆柱体，测定摆动周期 T_2。

六、取下载物金属盘、装上木球，测定摆动周期 T_3。(注意：在计算木球的转动惯量时，应扣除支座的转动惯量)。

七、取下木球，装上金属细杆(金属细杆中心必须与转轴重合)，测定摆动周期 T_4。注意：在计算金属细杆的转动惯量时，应扣除夹具的转动惯量。

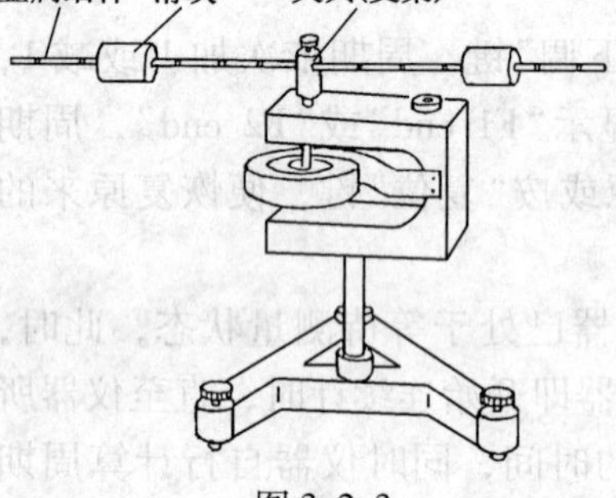

图 3.2.3

八、将滑块对称放置在细杆两边的凹槽内(见图 3.2.3)，此时滑块质心离转轴的距离分别为 5.00，10.00，15.00，20.00，25.00cm，测定摆动周期 T。计算 J 并与理论值进行比较(计算转动惯量时应扣除夹具的转动惯量)。验证转动惯量的平行轴定理。

【注意事项】

一、由于弹簧的扭转常数 K 值不是固定常数，它与摆动角度略有关系，摆角在 90°～120°左右基本相同，K 值可视为常数，不在该摆角范围时，K 值略为变小。在角度时变小。为了降低实验时由于摆动角度变化过大带来的系统误差，在测定各种物体的摆动周期时摆角不宜过小，摆幅也不宜变化过大。

二、探头宜放置在挡光杆的平衡位置处，挡光杆不能与它相接触，以免增大摩擦力矩。

三、机座应保持水平状态。

四、为提高测量精度，应先让扭摆自由摆动，然后按“执行”键进行计时。

五、在安装待测物体时，其支架必须全部套入扭摆主轴，并将止动螺丝旋紧，否则扭摆不能正常工作。

六、称量金属细杆与木球的质量时，必须将夹具或支座取下，否则会带来较大误差。

七、圆柱、圆筒放置时不可斜放。

【数据记录与处理】

一、计算扭转常数 K，具体方法如下：

1. 测量载物盘的摆动周期 T_0，得到它的转动惯量 $J_0 = \dfrac{KT_0^2}{4\pi^2}$；

2. 把塑料圆柱体放在载物盘上测出摆动周期 T_1，得到总的转动惯量 $J_0 + J'_1 = \dfrac{KT_1^2}{4\pi^2}$；

3. 塑料圆柱体的转动惯量 $J' = \dfrac{(T_1^2 - T_0^2)K}{4\pi^2}$，而其理论值为 $J_1{}' = \dfrac{1}{8}mD^2$，从而得到扭转常数 $K = 4\pi^2 \dfrac{J'_1}{\overline{T}_1^2 - \overline{T}_0^2}$（$N \cdot m^{-1}$）。（注意：各量均换算成国际单位制后再代入计算。）

二、计算各种物体的转动惯量，并与理论值进行比较，求出百分误差。详见表 3.2.1 和表 3.2.2。

表 3.2.1　转动惯量测量实验数据记录参考表

名称	质量/kg	几何尺寸/10^{-2}m	周期/s	转动惯量理论值/$kg \cdot m^2$	实验值/$kg \cdot m^2$	百分差/%
金属载物盘			T_0 $\overline{T}_0$		$J_0 = \dfrac{J'_1 \overline{T}_0^2}{\overline{T}_1^2 - \overline{T}_0^2} =$	
塑料圆柱		D_1 $\overline{D}_1$	T_1 $\overline{T}_1$	$J'_1 = \dfrac{1}{8}m\overline{D}_1^2 =$		
金属圆筒		$D_{外}$ $\overline{D}_{外}$ $D_{内}$ $\overline{D}_{内}$	T_2 $\overline{T}_2$	$J'_2 = \dfrac{1}{8}m(\overline{D}_{外}^2 + \overline{D}_{内}^2) =$	$J_2 = \dfrac{K\overline{T}_2^2}{4\pi^2} - J_0 =$	
木球		$D_{直}$ $\overline{D}_{直}$	T_3 $\overline{T}_3$	$J'_3 = \dfrac{1}{10}m\overline{D}_{直}^2 =$	$J_3 = \dfrac{K\overline{T}_3^2}{4\pi^2} - J_{支座} =$	
金属细杆		L	T_4 $\overline{T}_4$	$J'_4 = \dfrac{1}{12}mL^2 =$	$J_4 = \dfrac{K\overline{T}_4^2}{4\pi^2} - J_{夹具} =$	

表 3.2.2 验证转动惯量平行轴定理数据记录

项 目	5.00×10^{-2}m	10.00×10^{-2}m	15.00×10^{-2}m	20.00×10^{-2}m	25.00×10^{-2}m
摆动周期 T/s					
$\bar{T}$/s					
实验值/($kg\cdot m^2$) $\bar{J}=\frac{K}{4\pi^2}\bar{T}^2$					
理论值/($kg\cdot m^2$) $J'=J_4+2mx^2+J_5+J_{夹具}$					
百分差					

结论：

【思考题】

一、本实验对摆动角度有什么要求？如果没满足实验要求将带来什么误差？

二、未调节轴的竖直时，可能带来什么误差？

三、如何用转动惯量仪器来测定任意形状物体绕特定轴的转动惯量？

四、试分析本实验产生误差的主要原因是什么？

【附录】

木球支座转动惯量实验值：$J_{支座}=0.179\times10^{-4}kg\cdot m^2$

金属细杆夹具转动惯量实验值：$J_{夹具}=0.232\times10^{-4}kg\cdot m^2$

两滑块绕通过质心转轴的转动惯量实验值为：$J_5=0.82\times10^{-4}kg\cdot m^2$

每一滑块的质量 $m=239.50$g

实验三 拉伸法测钢丝的杨氏模量

杨氏模量(又称弹性模量)是工程材料的重要参数，杨氏模量是选定机械构件材料的依据之一。目前，实验室测量杨氏模量的方法主要有拉伸法、弯梁法、振动法等。本实验采用拉伸法测量钢丝或其他金属丝的杨氏模量。实验的关键是要测出金属丝的微小形变，应根据不同测量对象，选择不同的测量仪器。如读数显微镜配以 CCD 成像系统测量钢丝微小的伸长量。

【实验目的】

一、掌握用拉伸法测量金属丝的杨氏模量的原理。

二、学会用逐差法处理实验数据。

三、了解 CCD 成像系统的原理和特性，培养正确调整使用光测量系统的能力。

【实验仪器】

FD－YC－I 型 CCD 杨氏模量测定仪、钢卷尺、螺旋测微器、砝码等。

FD－YC－I 型 CCD 杨氏模量测定仪装置如图 3.3.1 所示，包括以下几部分：

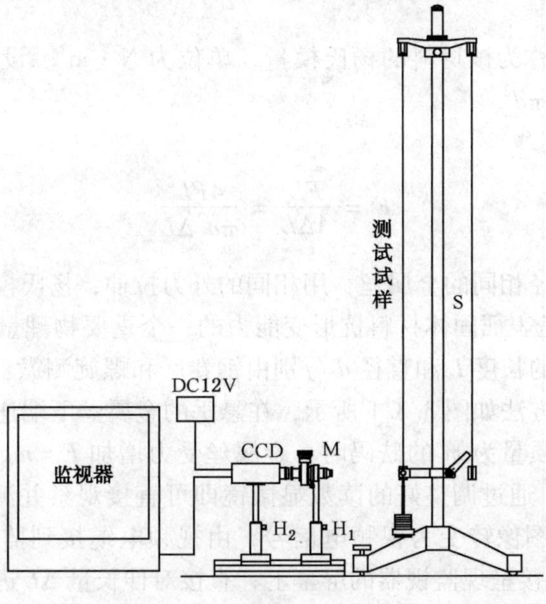

图 3.3.1

1. 金属丝支架

S 为金属丝支架，高约 1.32m，置于实验桌上，支架顶端设有金属丝悬挂装置，金属丝长度可调，约 95cm，金属丝下端连接一小圆柱，圆柱中部方形窗中有细横线供读数用，小圆柱下端附有砝码托。支架下方还有一钳形平台，设有限制小圆柱转动的装置，支架底脚螺丝可调。

2. 读书显微镜

读数显微镜 M 用来观测金属丝下端小圆柱中部方形窗中细横线位置及其变化，目镜前方装有分划板，分划板上有刻度，其刻度分度值 0.01mm，每隔 1mm 刻一数字，H_1 为读数显微镜支架。

3. CCD(Charge Couple Device)成像、显示系统

CCD 黑白摄像机：灵敏度最低照≤0.2lx；CCD 专用 12V 直流电源。

黑白视频监视器：屏幕尺寸 14 寸，420 线。

CCD 是电荷耦合器件的简称，是目前较实用的一种图象传感器，它有一维和二维的两种。一维用于位移、尺寸的检测，二维用于平面图形、文字的传递。现在的二维的 CCD 器件已作为固态摄象器应用于可视电话和无线电传真领域，在生产过程监视和检测上的应用也日渐广泛。

【实验原理】

设一根金属丝的截面积为 A，原长为 L，沿其长度方向加一拉力 F 后，金属丝的伸长量为 ΔL。根据胡克定律，材料在弹性限度内，金属丝的单位横截面积上的受力 F/A(应力)与相对伸长量 $\Delta L/L$(应变)成正比：

$$\frac{F}{A}=E\frac{\Delta L}{L} \tag{3.3.1}$$

式中的比例系数 E 称为该材料的杨氏模量，单位为 $\mathrm{N\cdot m^2}$。设 d 为金属丝的直径，则金属丝的截面积为 $A=\frac{\pi d^2}{4}$，

由此可得
$$E=\frac{FL}{A\Delta L}=\frac{4FL}{\pi d^2\Delta L} \tag{3.3.2}$$

上式表明长度、直径相同的金属丝，用相同的外力拉伸，杨氏模量越大的金属丝的伸长量 ΔL 越小，因此，它是表征固体材料抗形变能力的一个重要物理量，杨氏模量越大，材料越不易发生形变。式中的长度 L 和直径 d 分别由钢卷尺和螺旋测微器测定；而 ΔL 是一个很小的长度变化量，测量方法如图 3.3.1 所示，在悬垂的金属丝下端连接着带刻线的柱体和砝码托盘，在托盘上加上质量为 m 的砝码时，金属丝受力增加 $F=mg$，柱体上的刻线随着金属丝的伸长下降了 ΔL，通过调整好的读数显微镜即可直接观察并测量出 ΔL 的大小，结合 CCD 成像系统，将光学图像转变为视频电信号，由视频电缆接到监视器，这样将显微镜中看到的图像通过 CCD 直接呈现监视器的屏幕上，直接对伸长量 ΔL 进行测量，既减轻学生的视觉疲劳，又方便了实验演示。

【实验内容】

一、必做实验：测量钢丝材料的杨氏模量。

(1) 调节仪器。

a. 调节支架 S 铅直(用底脚两螺丝调节)，使金属丝下端的小圆柱与钳形的平台无摩擦地上下自由移动，旋转金属丝上端夹具，使圆柱两侧刻槽对准钳形平台两侧的限制圆柱转动的小螺丝；两侧同时对称地将旋转螺丝旋入刻槽中部，力求减小摩擦。

b. 先调显微镜目镜用眼睛看到清晰的分划板像。再将物镜对准小圆柱平面中部，调节显微镜前后距离，然后微调显微镜旁螺丝直到看清小圆柱平面中部上细横刻线的像，并消除视差。判断无视差的方法是当左右或上下稍微改变视线方向时，两个像之间没有相对移动，这是读数显微镜已调节好的标志。只有无视差的调焦，才能保证测量精度。

c. 将 CCD 摄像机装上镜头，把视频电缆线的一端接摄像机的视频输出端子(Video out)，另一端接监视器的视频输入端(Video in). 将 CCD 专用 12V 直流电源接到摄像机后面板“Power”孔，并将直流电源和监视器分别接 220V 交流电源。仔细调整 CCD 位置及镜头焦距，直到监视器屏幕上看到清晰的图像。

（2）观测伸长变化。

为使砝码托平稳可在金属丝下端先加一块 100g 砝码，此时监视器屏幕上显示的小圆柱上的细横刻线指示的刻度为 Y_0，记录其数值，然后在砝码托盘上逐次加 50g 砝码，对应的读数为 $Y_i(i=1,2,\cdots 10)$。再将所加的砝码逐个减去。记下对应的读数为 $Y'_i(1,2,\cdots 10)$，并将两对应读数 Y_i 与 Y'_i 求平均 $\overline{Y_i}=\dfrac{Y_i+Y'_i}{2}$。

（3）用直尺测量金属丝长度 L

用千分尺测量金属丝直径 d(测 10 次)，注意记下千分尺的零读数。

（4）用逐差法对 $\overline{Y_i}(1,2,\cdots 10)$ 进行处理，计算 $\overline{\Delta L}$ 及 E 的值。

$$\overline{\Delta L}=\frac{(\overline{Y_6}-\overline{Y_1})+(\overline{Y_7}-\overline{Y_2})+(\overline{Y_8}-\overline{Y_3})+(\overline{Y_9}-\overline{Y_4})+(\overline{Y_{10}}-\overline{Y_5})}{5} \tag{3.3.3}$$

由公式(3.3.2)及 $F=mg$(由于采用逐差法，ΔM 为 5 个 50g 砝码质量，即 $\Delta M=250g$，$A=\dfrac{1}{4}\pi d^2$，可得：

$$E=\frac{4\Delta MgL}{\pi d^2\Delta L} \tag{3.3.4}$$

（5）将测量结果与公认值进行比较(钢丝的杨氏模量公认值：$20.0\times10^{10}\text{N/m}^2$)。

二、选做实验：测量其他材料金属丝的杨氏模量。以了解不同材料对杨氏模量的影响。

【数据记录】

将数据记录于表 3.3.1 和表 3.3.2。

表 3.3.1 钢丝直径测量 零点偏差 =

序号 / 直径	1	2	3	4	5	6	7	8	9	10	平均	$u_{\bar d}$
d/mm												

测 $L=$ $u_L=$

表 3.3.2 钢丝伸长量测量

长度位置 / 砝码 m/g	Y_i/mm	Y'_i/mm	$\overline{Y_i}$/mm	逐差法计算	
50.0				$\Delta L_1=\overline{Y_6}-\overline{Y_1}=$	平均值 $\overline{\Delta L}=$ 不确定度 $u_{\overline{\Delta L}}=$
100.0					
150.0				$\Delta L_2=\overline{Y_7}-\overline{Y_2}=$	
200.0					
250.0				$\Delta L_3=\overline{Y_8}-\overline{Y_3}=$	
300.0					
350.0				$\Delta L_4=\overline{Y_9}-\overline{Y_4}=$	
400.0					
450.0				$\Delta L_5=\overline{Y_{10}}-\overline{Y_5}=$	
500.0					

将数据代入

$$\overline{E} = \frac{4\Delta MgL}{\pi \overline{d}^2 \ \overline{\Delta L}} =$$

$$E = \overline{E} \pm u_{\overline{E}} =$$

钢丝的杨氏模量公认值为 $20.0 \times 10^{10} \mathrm{N/m^2}$。

$$\left(\frac{u_{\overline{E}}}{\overline{E}}\right)^2 = \left(\frac{u_L}{L}\right)^2 + \left(\frac{2u_{\overline{d}}}{\overline{d}}\right)^2 + \left(\frac{u_{\overline{\Delta L}}}{\overline{\Delta L}}\right)^2$$

【思考题】

一、对微小伸长量测量读数显微镜方法外，还有哪些方法？

二、根据不确定度估算，$\frac{u_{\overline{E}}}{\overline{E}}$ 表达式中哪些项的影响最大？如何降低其影响？

实验四　气体比热容比$\frac{C_p}{C_v}$的测定

气体的定压比热容 C_p 与定容比热容 C_v 之比 $\gamma = \frac{C_p}{C_v}$，在热力学过程，特别是绝热过程中，是物质的重要物性参数之一，在研究物质结构、确定相变、鉴定物质纯度等方面也起着重要的作用。本实验通过测定物体在特定容器中的振动周期 T 来计算 γ 值，把热学量的测量变换成力学量的测量，设计巧妙，操作方便。本实验可以测定单原子、双原子和多原子气体的比热容比 γ。

【实验目的】

一、观测热力学过程中状态变化及基本物理规律。

二、测定空气的定压比热容与定容比热容之比。

【实验原理】

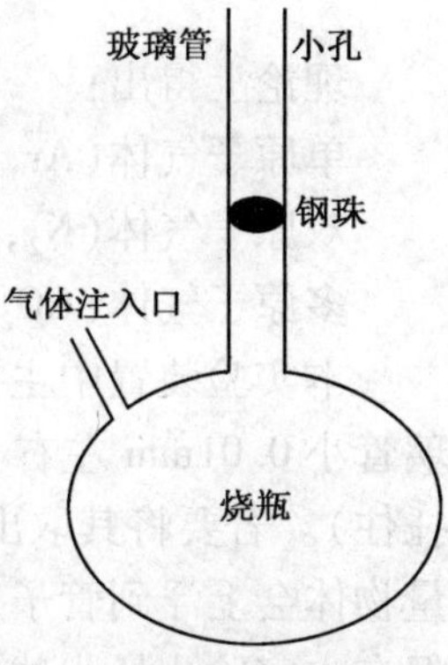

图 3.4.1

本实验利用物体在特定容器中的振动周期来计算 γ 值。实验基本装置如图 3.4.1 所示，振动物体小球的直径比玻璃管直径仅小 0.01 ~ 0.02mm。它能在此精密的玻璃管中上下移动。在瓶子的壁上有一小孔，并插入一根细管，通过它各种气体可以注入到烧瓶中。

为了补偿由于空气阻尼引起振动物体(钢珠)振幅的衰减，因此通过气体注入口一直注入一个小气压的气流。在精密玻璃管的中央开设有一个小孔。当振动物体处于小孔下方的半个振动周期时，注入气体使容器的内压力增大，引起物体向上移动。而当物体处于小孔上方的半个振动周期时，容器内的气体将通过小孔流出，使物体下沉，以后重复上述过程。只要适当控制注入气体的流量，物体能在玻璃管的小孔上下做简谐振动，振动周期可利用光电计时装置来测得。

钢球的质量为 m，半径为 r(直径为 d)，当瓶子内压强 p 满足下面条件时钢球处于力平衡状态，

$$p = p_L + \frac{mg}{\pi r^2} \tag{3.4.1}$$

式中，p_L 为大气压强。

若物体偏离平衡位置一个较小距离 x，则容器内的压强变化为 dp，物体的运动方程为：

$$m\frac{d^2x}{dt^2} = \pi r^2 dp \tag{3.4.2}$$

因为物体振动过程相当快，所以可以看作绝热过程，绝热方程为

$$pV\gamma = 常数 \tag{3.4.3}$$

将式(3.4.3)求导数得出：　$dp = -\frac{p\gamma dV}{V}$，$dV = \pi r^2 x$　(3.4.4)

将式(3.4.4)代入式(3.4.2)得

$$\frac{d^2x}{dt^2} + \frac{\pi^2 r^4 p\gamma}{mV}x = 0$$

此式即为熟知的简谐振动方程，由此式可知振动圆频率

$$\omega = \sqrt{\frac{\pi^2 r^4 p\gamma}{mV}} = \frac{2\pi}{T} \tag{3.4.5}$$

可得

$$\gamma = \frac{4mV}{T^2 pr^4} = \frac{64mV}{T^2 pd^4} \tag{3.4.6}$$

式(3.4.6)即为本实验的原理公式。烧瓶的容积 V 由实验室给出($V \approx 2650\text{cm}^3$)。因此，只要在实验中测得振动物体的直径 d，周期 T，质量 m，并由气体计读出大气压强 p_L，再由式(3.4.1)求得 p，将 V，T，d，p 代入式(3.4.6)就可以求得待测气体的比热容比 γ。

注意：各量均换算成国际单位制后再代入式(3.4.5)计算。$760\text{mmHg} = 1.013 \times 10^5 \text{N/m}^2$。

由气体运动论可以知道，γ 理论值与气体分子的自由度数 f 有关。对单原子气体(例如氩气)只有三个平动自由度。对刚性双原子气体(例如氮气)除上述 3 个平动自由度外还有 2 个转动自由度，对刚性多原子气体，则有 3 个转动自由度。比热容比 γ 与自由度 f 的关系为

$$\gamma = \frac{f+2}{f} \tag{3.4.7}$$

理论上得出：

单原子气体(Ar，He)　　$f = 3$　　$\gamma = 1.67$

双原子气体(N_2，H_2，O_2)　　$f = 5$　　$\gamma = 1.40$

多原子气体(CO_2，CH_4)　　$f = 6$　　$\gamma = 1.33$

本实验装置中主要装置系玻璃制成，且对玻璃管的要求特别高，振动物体的直径仅比玻璃管小 0.01mm 左右。因此振动物体表面不允许擦伤。平时它停留在玻璃管的下方(用弹簧托住)。若要将其取出，只需在它振动时，用手指将玻璃管壁上的小孔堵住，稍稍加大气流量物体会上浮到管子上方开口处，就可以方便地取出，或将此管由瓶上取下，将球倒出来。但在本实验测量小球质量和直径时有备用小球，不要随意取出玻璃管中小球，避免灰尘进入或小球生锈，使小球卡在玻璃管中。

【实验仪器】

气体比热容比测定仪专用瓶、精密玻璃管、缓冲弹簧、配套钢球、微型气泵、周期测定仪、光电门、气体压力缓冲瓶、备用小钢球、电子天平、螺旋测微器等。实验采用 BR－1 型气体比热容比测定仪。其结构和连接方式见图 3.4.2。

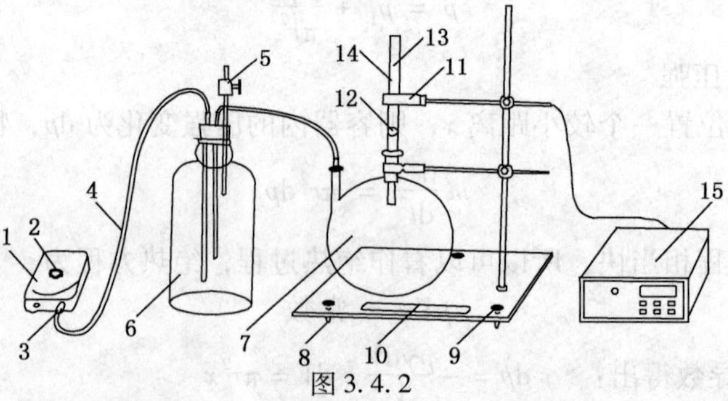

图 3.4.2

1—气泵；2—气量调节旋钮；3—出气口；4—橡皮管；5—调节阀门；6—储气瓶 Ⅰ；7—储气瓶 Ⅱ；8—水平调节螺钉；9—底板；10—水准泡；11—光电门；12—钢球；13—空芯玻璃管；14—出气小孔；15—计时仪

【实验内容与步骤】

一、实验仪器的调整

1. 接通气泵电源，缓慢调节气泵上气量调节旋钮，控制气量大小，稍等片刻，小球即可上下振动。

2. 调节橡皮塞上针型调节阀和气泵上气量调节旋钮，使小球在玻璃管中以小孔为中心上下振动。气流过大或过小会造成钢珠不以玻璃管上小孔为中心的上下振动。

二、振动周期的测量

1. 打开周期计时装置，次数可选择 50 次或 100 次，按下复位按钮后既可自动记录 50 次或 100 次周期所需时间。重复测量 5 次。

2. 更换气泵中的气源(单原子、双原子气体、多原子气体)，分别测量并计算结果。可选做。

三、其他测量

1. 用螺旋测微计测量备用小钢球直径 5 次(不可从玻璃管中将小球取出，以免损坏仪器)。

2. 用电子天平测出备用小钢球质量 m。

【注意事项】

一、本实验装置为易碎玻璃器皿，实验中注意轻拿轻放。

二、调节气量时，气流不要过大或过小，否则钢球不以玻璃管上小孔为中心上下振动。

三、测量小球质量和直径时有备用小球，不要随意取出玻璃管中小球，避免灰尘进入或小球生锈，使小球卡在玻璃管中。

四、若不计时或不停止计时，可能是光电门位置放置不正确，造成钢球上下振动时未挡光，或者是外界光线过强，须适当挡光。

【数据记录与处理】

一、自拟实验记录表格，分别测量并计算空气的比热容 γ；

二、在忽略容器体积 V、大气压 p 测量误差的情况下估算 γ 的不确定度：$\gamma \pm \Delta\gamma$。

【思考题】

一、本实验研究的热力学系统，主要是指哪种气体？

二、若空气中混有 5% 的二氧化碳，试分析对 γ 的影响。

三、在实际问题中，物体振动过程并不是绝热过程，这时测得的 γ 值比实际大还是小？为什么？

实验五 电表改装及校准

电表是用来测量电流、电压的仪器，电表的主要部件是微安表(表头)。由于表头灵敏度高，满偏电流小，一般只能测量较小的电流和电压，如果要用它来测量较大的电流或电压，就必须进行改装，以扩大其量程。经过改装的微安表头具有测量较大电流、电压和电阻等多种用途。

【实验目的】

一、掌握将表头改装成电流表、电压表的电路原理及连接方法。

二、学会校准改装的电表并绘制校准曲线。

三、了解如何将表头改装成欧姆表。

【实验原理】

一、把表头改装成电流表

用于改装的电流表(微安表)习惯上称为“表头”。使表针偏转到满刻度所需要的电流 I_g 称为满度电流(即电流计的量程)，这个电流越小，表头的灵敏度就越高。表头的线圈有一定内阻，用 R_g 表示，若将它改成量程为 I 的电流表，可用分流的方法。做法是给表头并联一个分流电阻 R_s(如图 3.5.1 所示)，这样被测电流大部分从 R_s 流过，而表头通过的电流仍保持原来允许通过的最大电流 I_g。设表头改装后的量程为 I，由欧姆定律可知

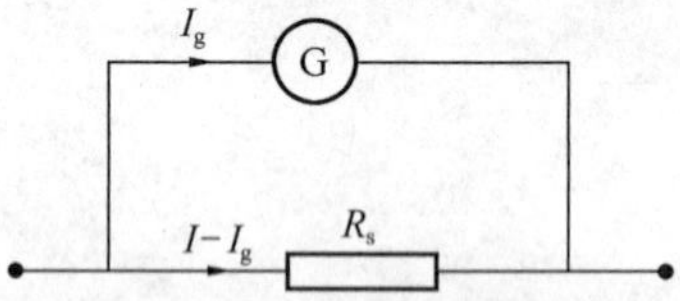

图 3.5.1　串联分流电阻改制成电流表

$$(I-I_g)R_s = I_g R_g$$

$$R_s = \frac{I_g}{I-I_g}R_g \tag{3.5.1}$$

若 $I=nI_g$(n 为电流量限扩大的倍数)，则 $R_s=\frac{R_g}{n-1}$

二、把表头改装成电压表

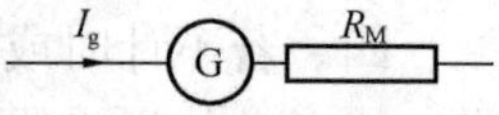

图 3.5.2　串上分压电阻改成电压表

量程为 I_g、内阻为 R_g 的表头，若用作电压表，其量程为 I_gR_g，通常较小，若要将它改为量程为 V 的电压表，可采用分压的方法，做法是给表头串联一个阻值合适的分压电阻 R_M，使表头上不能承受的大部分被测电压降在该电阻上。如图 3.5.2 所示，使表头上的电压降仍为 I_gR_g，而 R_M 上的电压为 $V-I_gR_g$，表头与 R_M 组成新的电压表，其量程为 V。由欧姆定律可知在表头满度时

$$I_g(R_g+R_M) = V$$

$$R_M = \frac{V}{I_g}-R_g \tag{3.5.2}$$

若 $V=nV_g$(n 为电压量限扩大的倍数)，则 $R_M=(n-1)R_g$

在表头串联不同的分压电阻，以得到不同量程的电压表。

三、把表头改装成欧姆表

用来测量电阻大小的电表称为欧姆表，在要求精度不太高的情况下，可以用万用表欧姆挡来测量电阻，根据调零方式的不同，可分为串联分压式和并联分压式两种。其原理电路如图 3.5.3 所示。

图 3.5.3 中 E 为电源，R_3 为限流电阻，R_W 为调“零”电位器，R_x 为被测电阻，R_g 为等效表头，a、b 两点为测量电阻所用的表笔接头，图 3.5.3(b)中，R_G 与 R_W 一起组成分流电

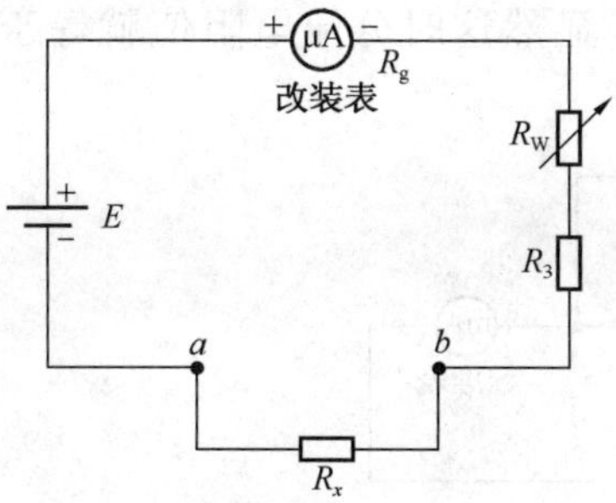

(a)串联分压式

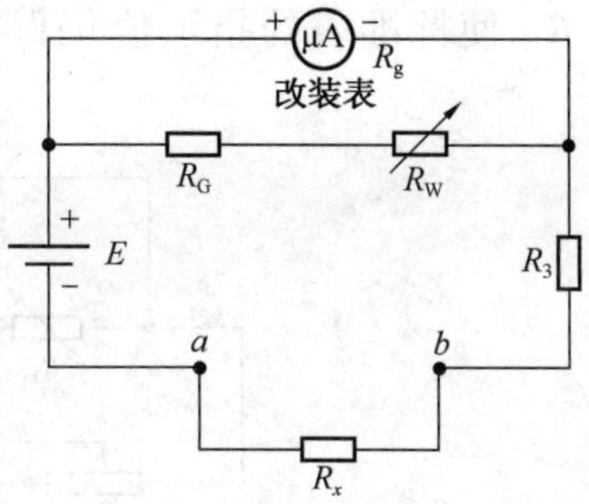

(b)并联分流式

图 3.5.3　欧姆表电路的组成

阻。对于串联分压式欧姆表测电阻的原理，当 a、b 两点短路(即待测电阻 $R_x=0$)，即图 3.5.3(a)为一简单闭合电路，根据闭合电路的欧姆定律可列出方程：

$$I=\frac{E}{R_g+R_W+R_3} \tag{3.5.3}$$

适当调节 R_W 的阻值，可得 $I=I_g$。可见，欧姆表的零点就是在表头的满刻度处，与电流表和电压表的零点正好相反，在这里忽略电池内阻。如果在 a、b 端接入一未知电阻 R_x 后，电路中的电流为

$$I=\frac{E}{R_g+R_W+R_3+R_x} \tag{3.5.4}$$

对于给定的表头和线路来说，R_g、R_W、R_3 都是常量。由此可见，当电源端电压 E 保持不变时，被测电阻和电流值有一一对应的关系。即接入不同的电阻，表头就会有不同的偏转读数，R_x 越大，I 电流越小。当 a、b 两点断开时指针不动，表示被测电阻无限大，即指针在表头的机械零位。

当电流减少一半，即

$$R_x=R_{中}=R_g+R_W+R_3$$

$$I=\frac{1}{2}I_g \tag{3.5.5}$$

这时指针指在表头的中央，对应的阻值 $R_{中}$ 为中值电阻，当中值电阻确定后，欧姆表的刻度也就确定了。

所以普通欧姆表的标度尺为反向刻度，且刻度是不均匀的，电阻越大，刻度间隔愈密。如果表头的标度尺预先按已知电阻值刻度，就可以用电流表来具体测量电阻了。

并联分压式欧姆表利用对表头分流来进行调"零"，具体参数可自行设计。

欧姆表在使用过程中电池的端电压会有所改变，而表头的内阻 R_g 及限流电阻 R_3 为常量，故要求 R_W 要跟着 E 的变化而改变，以满足调"零"的要求，实验时用可调电源模拟电池电压的变化，范围取 1.35～1.6V 即可。

四、表头量程 I_g 和内阻 R_g 的测量

I_g 和 R_g 是两个表征表头特性的重要参数。测量内阻 R_g 常用方法有：

(1) 半电流法也称中值法

测量原理电路如图 3.5.4 所示。先将 E 调至 0V，接通 E、R_W、被改装表头和标准电流表后，先不接入电阻箱，调节 E 或 R_W 使改装表头满偏，即为表头 I_g，再接入电阻箱与表头并联作为分流电阻，调节电阻箱阻值即改变分流程度，当表头指针指示到中间值，注意粗调

节 E，细调节 R_W 使标准表的指示值仍保持不变，显然这时分流电阻值就等于电流计的内阻 R_g。

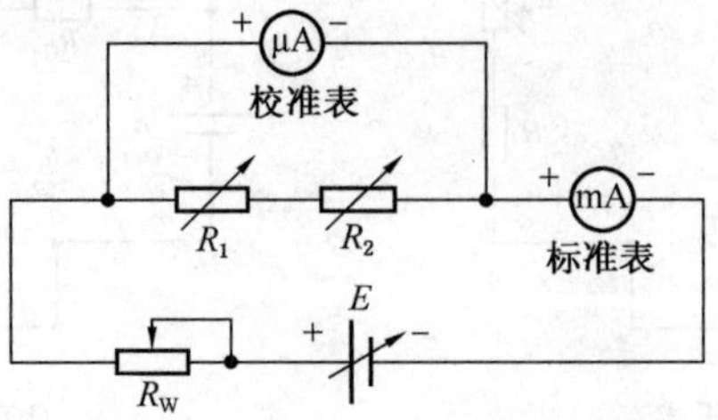

图 3.5.4　测 I_g 和 R_g 的电路

(2) 替代法

按照原理图 4 接线。先将 E 调至 0V，接通 E、R_W、被改装表头和标准电流表，调节 E 或 R_W 使表头满偏，此电流即为被改装表头的满度电流。再断开改装表头的接线，然后十进位电阻箱替代表头，只调节电阻箱的阻值使电路中的标准表的指针保持不变仍达到 I_g，注意此时 E 和 R_W 均不应调节，此时电阻箱的阻值即为被测表头内阻 R_g。替代法是一种运用很广的测量方法，具有较高的测量准确度。

【实验仪器】

1. FB308 型电表改装与校准实验仪（其中标准电流表 4 位数字，量程 20mA；标准电压表 4 位数字，量程 20V）。

2. ZX21 电阻箱（×10000：0.1 级，×1000：0.1 级，×100：0.1 级，×10：0.2 级，×1:0.5 级，×0.1：5 级）。

3. 导线若干。

【实验内容】

仪器使用前请注意：

仪器采用开放式设计，所以在连接插线时注意不要短路电压源。

被改装表头只允许流过 100μA 的电流，过载会损坏表头！仔细检查线路和电路参数无误才能将改装表头接入使用。

1. 测量表头的 I_g

用替代法或中值法测量 R_g。

2. 将表头改装成 1mA 的电流表

根据测得表头的 I_g 和 R_g 代入式(3.5.4)，其中 $I=1\text{mA}$，先从理论上计算出把表头扩程为 1mA 的电流表的分流电阻值 R_s，然后用电阻箱调至该数值，按图 3.5.5 连好电路，并对电流表进行校准。

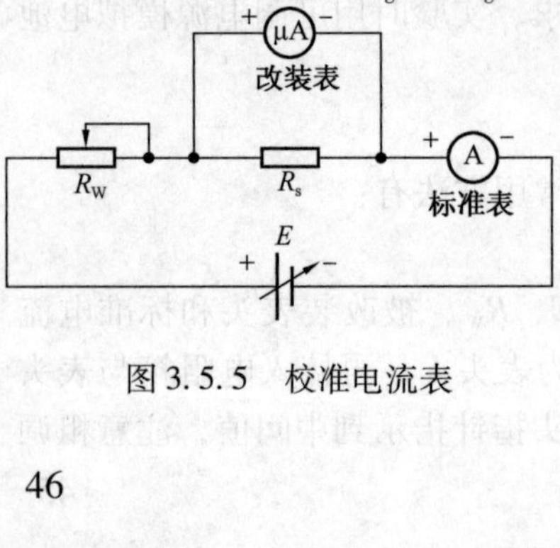

图 3.5.5　校准电流表

(1) 校准零点与量程

校准零点：在未通电时，检查电表是否指零，否则微调调零旋钮，使之指零。

校准量程：将 E 调至 0V，检查接线正确后，调节 E 和 R_W 使改装表头指针指到满量程时，标准表的示数应为

1mA，若不准确，应反复微调节 R_W 和 R_s，使 R_s 至实用的分流电阻 R'_s时，标准表的示数精确为 1mA。注意：此后 R'_s不能再动，另外 R_W 作为限流电阻，阻值不要调至最小。

（2）校准刻度

在校准零点和量程后，读出表头上其余刻度（即自制表或改装表读数）及其逐点所对应的标准表读数 I_s，并记录下来，作出 $\delta I_x - I_x$ 校准曲线，其中 I_x 为自制表的读数，δI_x 为标准表读数与自制表读数之差即 $\delta I_x = I_s - I_x$。

3. 将表头改装成 1.5V 的电压表

根据测得表头的 I_g 和 R_g 代入式(3.5.2)，其中扩大的量程 $V = 1.5$V，先从理论上计算出把表头改装为 1.5V 电压表的分压电阻 R_M，然后用电阻箱调至该数值，按图3.5.6 连好电路，并对电压进行校准。

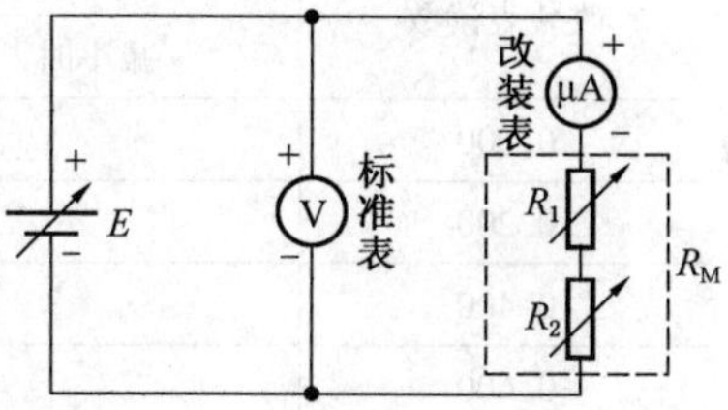

图 3.5.6　校准电压表

（1）校准零点与量程

校准零点：在未通电时，检查电表是否指零，否则微调调零旋钮，使之指零。

校准量程：将 E 调至 0V，检查接线正确后，先调节 R_1、R_2 至 R_M，再调节 E 使改装表头指针指到满量程时，标准电压表的示数为 1.5V，若不准确，应反复微调节 E 和 R_M，使 R_M 至实用的分压电阻 R'_M，使标准表精确示数为 1.5V。

注意：此后 R'_M 不能再动。

（2）校准刻度

在校准零点和量程后，读出表头上其余刻度（即自制表或改装表读数）及其逐点所对应的标准表读数 V_s，并记录下来，作出 $\delta V_x - V_x$ 校准曲线，其中 V_x 为自制表的读数，δV_x 为标准表读数与自制表读数之差即 $\delta V_x = V_s - V_x$。

4. 把表头改装成欧姆表及标定表面刻度

（1）根据表头的 I_g 和 R_g 以及电源电压 E，选择 R_W 为 4.7kΩ，R_3 为 10kΩ

（2）按图 3.5.3(a)进行连线。调节电源 E = 1.5V，短路 a、b 两接线，调 R_W 使表头满偏，即完成了欧姆表的“调零”。

（3）测量改装后欧姆表的中值电阻。将电阻箱 R_1、R_2（作为 R_x）接于欧姆表的测量端，调节 R_1、R_2 使表头指示到中央，这时的电阻箱的值即为中值电阻，$R_中$ = ________Ω。

（4）取电阻箱的电阻为一组特定的数值 R_{xi}，读出相应的偏转格数 d_i。绘制出改装欧姆表的刻度盘，用自己改装的欧姆表对电阻进行初步测量（选做）。

（5）按图 3.5.3(b)的原理，设计一个并联分流式欧姆表并进行连线、测量。试与串联分压式欧姆表比较，有何异同。

【数据记录与处理】

一、使用电表记录

标准电流表：ΔI_s ________，量程________________；

标准电压表：ΔV_s ________，量程________________。

二、测量表头记录

I_g = ________mA；R_g = ________Ω；ΔR_g = ________。

三、改装电流表记录

(1) 扩大的量程 $I=$ ______ mA，计算的分流电阻 $R_s=$ ______ Ω，

实用的分流电阻 $R'_s=$ ______ Ω，$\dfrac{|R_s-R'_s|}{R_s}\times 100\%=$ ______。

(2)校准电流表读数记录于表 3.5.1。

表 3.5.1

改装表读数	标准表读数/mA			δI_x/mA
	减小时	增大时	平均值	
0.000				
0.200				
0.400				
0.600				
0.800				
1.000				

(3) 以 I_x 为横坐标，δI_x 为纵坐标，在坐标纸上绘制电流表的 δI_x-I_x 校正曲线(图 3.5.7)，给自制表定级。以自制电流表为例：

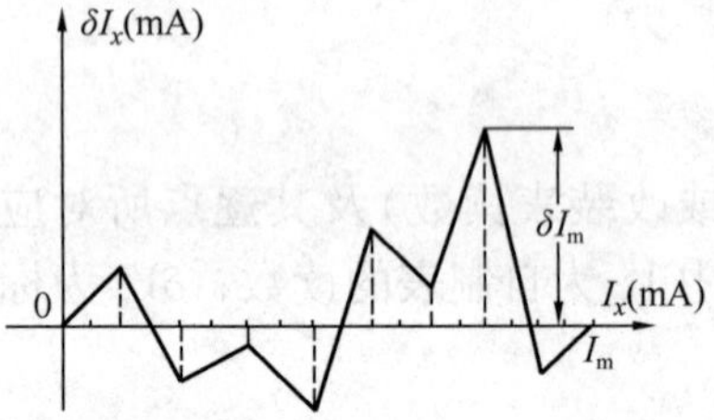

图 3.5.7　自制电流表校准曲线

$\Delta I_{max}=I_{自程}\times$ 自制表级别%，$\Delta I_{max}=|\delta I_m|+\Delta I_s$ 其中 ΔI_s 为标准表误差 $\Delta I_s=0.001$mA。

四、改装电压表记录

(1) 扩大的量程 $V=$ ______ V，计算的分压电阻 $R_M=$ ______ Ω，实用的分流电阻 $R'_M=$ ______ Ω，$\dfrac{|R_M-R'_M|}{R_M}\times 100\%=$ ______。

(2) 校准电压表读数记录于表 3.5.2。

表 3.5.2

改装表读数	标准表读数/V			δV_x/V
	减小时	增大时	平均值	
0.000				
0.300				
0.600				
0.900				
1.200				
1.500				

(3) 以 V_x 为横坐标，δV_x 为纵坐标，在坐标纸上绘制电压表的 δV_x-V_x 校正曲线，给自制表定级(同理于自制电流表，其中标准表误差：$\Delta V_s=0.001$V)。

五、改装欧姆表　　$E=$ ______ V，$R_{中}=$ ______ Ω

数值记录于表 3.5.3。

表 3.5.3

R_{x1}/Ω	$\frac{1}{5}R_{中}$	$\frac{1}{4}R_{中}$	$\frac{1}{3}R_{中}$	$\frac{1}{2}R_{中}$	$R_{中}$	$2R_{中}$	$3R_{中}$	$4R_{中}$	$5R_{中}$
偏转格数									

【思考题】

一、何为替代法，如何用替代法测电阻？

二、分压器中滑线电阻器的滑动端滑至什么位置是安全位置？为什么？

三、改装电流表的分流电阻如何计算？

四、改装电压表的分压电阻如何计算？

五、根据表级误差的计算公式，电表是怎样定级的？试给你改装后的电流表与电压表定级。

实验六　惠斯通电桥测电阻

【实验目的】

一、掌握惠斯通电桥测电阻的原理和方法。

二、理解电桥灵敏度概念，学会选取合适的灵敏度。

三、培养桥式电路的接线能力，掌握箱式电桥的使用方法。

【实验原理】

电桥是一种用比较法进行测量的仪器，它在电测技术中有着极为广泛的应用，不仅能测量多种电学量，如电阻、电感、电容、互感、频率及电介质、磁介质的特性，而且配合适当的传感器，还能用来测量某些非电学量，如温度、湿度、压强、微小形变等。在一些工业自动控制装置中，也用到电桥电路。电桥应用之所以这样广泛，其原因在于它具有很高的灵敏度和准确度。

通常，电桥分直流电桥和交流电桥两大类。本实验所用的单臂电桥称为惠斯通电桥，主要用于测量 $1 \sim 1\times10^6\,\Omega$ 范围内的中值电阻。与伏安法测电阻比较，电桥法测电阻的灵敏度和准确度都有很大的提高。

一、电桥工作原理

惠斯通电桥由电源、桥臂、桥路三部分组成，其原理如图 3.6.1 所示，未知电阻 R_x 与另外三个已知电阻 R_1、R_2、R_3 构成了电桥的四个桥臂，电桥的一个对角线 AC 上接直流电源 E，而另一对角线 BD 即桥路接检流计 G。改变 R_1、R_2、R_3 的阻值，可以改变 B、D 两点之间的电位差，当 R_1、R_2、R_3 的阻值被调节成某一组合时，可以使 B、D 之间的电位差为零，此时电流计无电流流过，指针准确地指在零位，电桥处于平衡状态，于是有

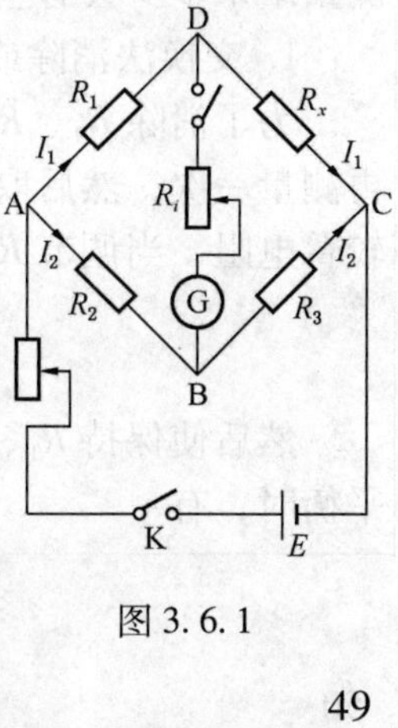

图 3.6.1

$$R_1I_1 = R_2I_2 \quad R_xI_1 = R_3I_2$$

两式相比，可得

$$R_x = \frac{R_1}{R_2}R_3 \tag{3.6.1}$$

可见，电桥是用比较法测量电阻的仪器。接通电源以后，调节 R_1、R_2、R_3，使检流计指针偏转减小，最后精确指零。此过程实际上是将 R_3 和 R_x 进行比较，一旦电桥平衡，就可以利用上式求出待测电阻 R_x。在直流电桥中，电阻 R_1、R_2 的比值按 10 的整数次方变化，通常称为电桥的倍率。

二、电桥灵敏度

电桥是否达到平衡是根据灵敏电流计的指针有无偏转来判断的。电桥平衡后，如果比较臂电阻 R_3 改变了 ΔR_3，电桥将失去平衡，此时若流经电流计的电流太小或者电流计的灵敏度不高，人的眼睛察觉不出指针的移动，会认为电桥仍然是平衡的，从而带来测量误差。于是，引入电桥灵敏度概念：

$$S = \frac{\Delta d}{\Delta R_3 / R_3}(\text{mm}) \tag{3.6.2}$$

其中，Δd 是比较臂电阻 R_3 改变了 ΔR_3 时电流计的偏转格数。显然，电桥灵敏度 S 越大，则电阻相对变化相同时偏转的格数 Δd 越大，对电桥平衡的判断越容易，这也意味着测量的结果越准确。因此提高电桥的灵敏度是提高电桥测量准确度的一个重要方面。

三、箱式电桥的仪器误差

在实验室条件(温度 2℃，相对湿度 40% ~60%，电源电压偏离额定值不大于 10% 等)，QJ－23 型箱式电桥的仪器误差表示为

$$\Delta_{仪} = a\% kR_N \tag{3.6.3}$$

式中，第一项正比于被测电阻的阻值，R_N 为箱式电桥比较臂的最大挡位的读数，k 是倍率，a 是最大挡位的准确度级别。

四、电桥法测电阻的误差及减小方法

平衡电桥法测量电阻的误差，来源于电桥的灵敏度和各桥臂电阻自身的误差。实验过程中，在电桥各元件允许的额定电流内，根据比较电阻的最小分度值选择合适的电桥灵敏度，这样，测量的误差主要来源于比较电阻的准确性。通常，电阻是可以做得相当准确的。但在实际测量中，由于线路通电时间过长，桥臂电阻温度升高而导致阻值发生变化，或电桥线路中产生接触电势、热电势等各种原因，再加上电桥线路本身存在这样或那样的系统误差，使测量结果多少会有些误差，下面分别论述其产生的原因及消除办法。

1. 交换法消除或减小自组电桥的误差

为了消除 R_1、R_2 电阻自身存在误差等因素对测量的影响，可交换 R_3 和 R_x 电阻的位置再测量一次，然后取两次测量结果的平均值。见图 3.6.1，R_1、R_2 为比率臂电阻，R_3 为比较臂电阻，当调节 R_3 使桥路平衡时，有

$$R_x = \frac{R_1}{R_2}R_3$$

然后使保持 R_1、R_2 的阻值不变，但 R_3 和 R_x 的位置互换，调节 R_3，当电桥再一次达到平衡时，有

$$R_x = \frac{R_2}{R_1}R'_3$$

将两式相乘，得

$$R_x = \sqrt{R_3 R'_3} \tag{3.6.4}$$

这样就消除了比率臂误差的影响，这种方法称为交换法。采用交换法的前提是倍率(R_1/R_2)最好为1，这样能获得较高的测量精度。

2. 电桥灵敏度带来的不确定度

当电桥的不平衡情况不能被检流计检测到时，测量结果 R_x 将有一相应的不确定度。若把1/5分度看作难以分辨的界限，则其测量不确定度为 B_1 类不确定度：

$$u_{B1}(R_x) = \frac{1}{5} \cdot \frac{R_x}{S} \tag{3.6.5}$$

若由此引起的结果的不确定度未能达到实验要求，可采用(1)选择合适的桥臂比率；(2)在元件允许功率内增大电源电压；(3)选择灵敏度更高的检流计等方法来减小不确定度。

【实验内容】

一、先用万用表的电阻档粗测一下三个电阻的阻值。

二、用箱式电桥测电阻

根据三个电阻的阻值，分别选取适当的倍率，保证测量数据是四位有效数字。每一个电阻重复测量5次，测出三个待测电阻阻值(参阅表3.6.1)，计算不确定度。

三、用自组电桥测电阻 R_{x2} 和 R_{x3}，步骤如下：

(1) 按图3.6.1接好电路，R_1、R_2 和 R_3 用三个电阻箱代替，电源电压 $E=6V$。

(2) 倍率选1的情况下，用交换法测量电阻 R_{x2} 和 R_{x3} 的阻值。

(3) 分别测出 R_{x2} 在倍率为1和5的情况下的相对灵敏度 S，并比较其大小。注意：为保证工作电流不致过大和过小，比率臂电阻的阻值选择应在100~10000Ω之间。

【数据处理】

一、计算用箱式电桥测出的三个待测电阻的阻值及 R_{x2} 的不确定度，写出结果表达式。数据记录表格见表3.6.1。

表3.6.1

待测电阻/Ω	选用倍率	平衡读数					平均值	随机误差
	K	1	2	3	4	5	$\bar{R}_x$	$\sigma_{\bar{R}_x}$
R_{x1}								
R_{x2}								
R_{x3}								

其中：$\sigma_{\bar{R}_{x2}} = \sqrt{\dfrac{\sum(R_{2i} - \bar{R}_{x2})^2}{n(n-1)}}$

$$u_A = \sigma_{\bar{R}_{x2}} \qquad u_B = \frac{\Delta_{仪}}{\sqrt{3}} = \frac{a\%\, kR_N}{\sqrt{3}}$$

$$u_{合成} = \sqrt{u_A^2 + u_B^2} = \sqrt{\sigma_{\bar{R}_{x2}}^2 + \left(\frac{\Delta_{仪}}{\sqrt{3}}\right)^2}$$

式中，R_N 为箱式电桥比较臂的最大挡位的读数，k 是倍率，a 是最大挡位的准确度级别。

测量结果表示：$R_{x2}=\overline{R_{x2}}\pm u_{合成}$

二、算出自组电桥 R_{x2} 在倍率为 1 和 5 时的灵敏度，计算 R_{x3} 的不确定度。

数据记录于表 3.6.2。

表 3.6.2

待测电阻/Ω	选用倍率 k	R_x 与 R_3 交换前	R_x 与 R_3 交换后	平均值 $\bar{R}=\sqrt{R_3\cdot R'_3}$	G 偏转 Δd 格时 R_3 的改变量 ΔR	灵敏度 $S=\dfrac{\Delta d}{\Delta R_3/R_3}$
		$R_x=R_3$	$R_x=R'_3$			
R_{x2}	1					
	5		—	—		
R_{x3}	1					

$$u_{B1}=\frac{1}{5}\cdot\frac{R_{x3}}{S}\quad u_{B2}=\Delta_{R_x}/\sqrt{3}=\sum(kR_N\times a\%)/\sqrt{3}$$

式中，a 为比较臂 R_3 各挡位的准确度等级；R_N 为比较臂 R_3 各挡位的读数。

$$u_{合成}=\sqrt{u_{B1}^2+u_{B2}^2}$$

测量结果表示：$R_{x3}=\bar{R}_{x3}\pm u_{合成}$

【注意事项】

一、自组电桥时，各电阻箱上的示值选择应满足电阻箱额定功率的要求。

二、为了保证测量准确度和保护检流计，使用检流计按钮应采用“跃接法”。

三、使用箱式电桥时，须保证比较臂读出四位有效数字。

【思考题】

一、在用自组电桥测电阻时，灵敏电流计总是偏向一边或总不偏转，分别说明这两种情况下电路可能在何处发生了故障。

二、惠斯通电桥测电阻时，若比率臂选择不当，对测量结果是否有影响？

三、在电桥平衡或灵敏电流计有断路的这两种情况下，灵敏电流计中的电流都为零。如何区分这两种情况？

四、用交换测量法能消除比率臂误差的影响，为什么？

【附录】

箱式电桥

1. 面板与结构

QJ23 箱式电桥电路如图 3.6.2 所示，面板结构如图 3.6.3 所示。图 3.6.3 中，左上方是倍率旋钮，有 0.001、0.01、0.1、1、10、100 和 1000 七挡。右边四个标有 ×1000、×100、×10 和 ×1 的旋钮是四个可变电阻，每个旋钮盘上标有 0 ~ 9 共 10 个数字，它们共同组成比较臂 R_3，其阻值范围为 1 ~ 9999Ω；S_B 和 S_G 是两个按钮，分别控制电源和灵敏电流计及电路的断通。右下角标有 R_x 的两个接线柱，是接被测电阻的。如需要接入外接电源，可通过左侧上边标有 B 的两个接线柱接入。左侧下边是标有“内接”、“外接”的三个接线柱和一个短路片。如果使用电桥内的灵敏电流计，就把“外接”短路；如果使用电桥外的灵敏电流计，就把“内接”短路，同时把外接灵敏电流计接在两个接线柱上。

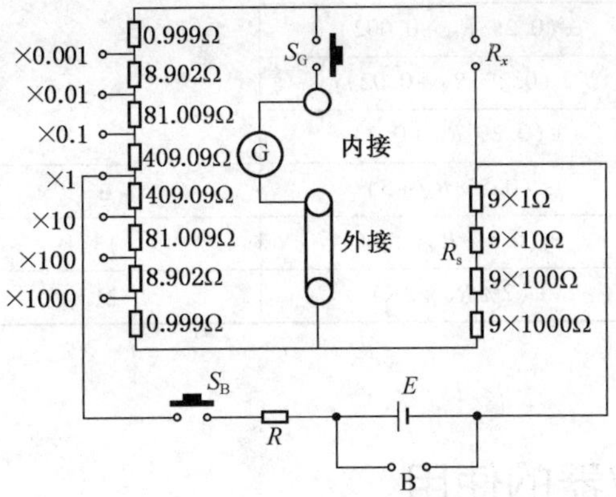

图 3. 6. 2

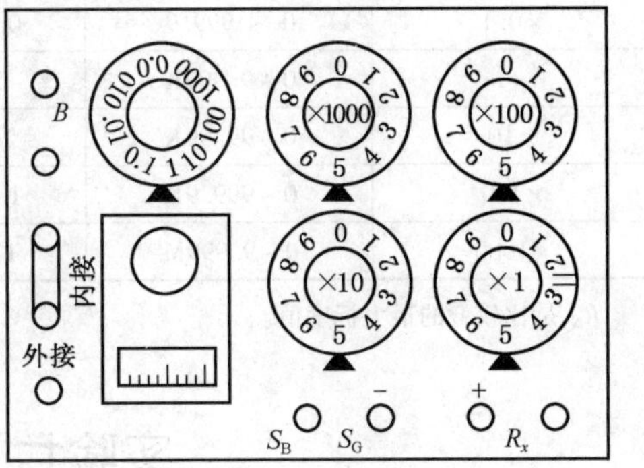

图 3. 6. 3

2. 调节与使用

(1) 检查“外接”两个接线柱是否短路，检查灵敏电流计指针是否指零，如不是，做出相应调整。

(2) 将待测电阻接入 R_x 接线柱。

(3) 根据 R_x 的估计值选择适当的倍率，使 R_3 的四个旋钮都用上，以保证测量值有四位有效数字。

(4) 按以下步骤调平衡：将 R_3 的四个旋钮都旋至“9”的位置上，先将 ×1000 挡从 9 往下调，直至灵敏电流计指针从一边转至另一边时，在将此旋钮旋至上一个数字的位置。依照此方法调节其他各挡，直到最后达到平衡。

(5) S_B 和 S_G 两个按钮的使用：先按下 S_B 让电源与电路接通，再按下 S_G 接通灵敏电流计，如果指针偏转过大，立即抬起按钮 S_G，旋转 R_3 的某一个旋钮，使指针偏转减小，直至指针指零，最后抬起 S_B。

(6) 从 R_3 的四个旋钮读出阻值。

3. 电桥的准确度

单臂直流电桥的准确度级别有 10 级，分别是 0. 001、0. 002、0. 005、0. 01、0. 02、0. 05、0. 1、0. 2、0. 5 和 1 级，其误差可用下式估算：

$$\Delta R_R = kR_N a\%$$

式中，R_N 是比较臂的最大标度值，k 是倍率，a 是准确度级别。比如，QJ23 型箱式电桥在量程为 10 ~ 9. 999KΩ 的准确度等级为 0. 2。

对 QJ23 型箱式电桥，其基本误差允许极限见表 3. 6. 3。

4. 注意事项

(1) 注意 S_B 和 S_G 两个按钮的接通顺序，测量时，先按下 S_B 接通电源，再按下 S_G 接通灵敏电流计；断开时，先抬起按钮 S_G 断开灵敏电流计，后抬起 S_B 断开电源。这样做是为了防止通过灵敏电流计的电流过大。

(2) 测完后，将短路金属片接到“内接”的位置上，以保护灵敏电流计。

表 3.6.3

量程倍率	有效量程/Ω	分辨率/Ω	基本误差的允许极限/Ω	电源电压/V
×0.001	0 ~ 9.999	0.001	$\pm(2\% R_N + 0.002)$	3
×0.01	0 ~ 99.99	0.01	$\pm(0.2\% R_N + 0.002)$	
×0.1	0 ~ 999.9	0.1	$\pm(0.2\% R_N + 0.02)$	
×1	0 ~ 9.999K	1	$\pm(0.2\% R_N + 0.2)$	
×10	0 ~ 99.99K	10	$\pm(0.5\% R_N + 5)$	6
×100	0 ~ 999.9K	100	$\pm(0.5\% R_N + 50)$	15
×1000	0 ~ 9.999M	1K	$\pm(2\% R_N + 2K)$	21

R_N 是比较臂的最大标度值。

实验七　示波器的使用

示波器是一种用途广泛的电子测量仪器，用它能够直接观察电信号的波形，即信号电压(Y轴)随时间(X轴)的变化，也能测定电压信号的幅度、周期和频率等参数。用双通道示波器还可以测量两个信号之间的时间差或位相差。凡是能转化为电压信号的电学量和非电学量都可以用示波器来观察。

示波器可分为模拟示波器和数字示波器两大类，数字示波器又可分为数字存储示波器(DSO)、数字荧光示波器(DPO)和采样示波器。随着数字技术的飞速发展，数字示波器拥有了许多模拟示波器不具备的优点：不仅具有可存储波形、体积小、功耗低，使用方便等优点，而且还具有强大的信号实时处理分析功能，可以与计算机或其他外设相连实现更复杂的数据运算或分析。因此，学习数字示波器的使用具有重要的意义。本实验将学习使用最常用的数字示波器——数字存储示波器。

【实验目的】

一、了解数字存储示波器的主要结构及其工作原理；

二、学习使用数字示波器，知道示波器各旋钮、开关的功能及用法；

三、使用示波器观察信号，并能测量信号周期、电压峰－峰值；

四、学会使用信号发生器；

五、使用示波器的双通道功能，观察相互垂直的两个正弦信号产生的李萨如图形，绘出频率f_y：f_x分别为1∶1、1∶2、1∶3时的李萨如图形。

【实验原理】

一、数字存储示波器的工作原理

数字存储示波器(DSO)主要由四大部分构成，如图3.7.1所示，垂直信号调理单元、采样存储单元、触发及采样时基控制系统以及信号后处理、显示及测量系统。信号调理单元能够把输入的模拟信号放大或衰减到适合模数转换的幅度，此功能由操作面板上的“标度”按钮调整。经过调理的模拟信号输入到采样电路，进行模数(A/D)转换，即把采样时点的模拟信号电压值转换成数字，并把该数字保存到存储器中，如此反复，许多连续采样点的数据就形成了一条波形记录，这就是信号的数字化过程。在此过程中，“触发”信号控制着数字化采样的开始和结束，而采样时钟控制着每次采样的时间间隔，也就是采样速率。

微处理器能够对采集波形记录数据进行处理，选取部分或全部数据输出到显示器上，同时它还能够管理前面板操作按钮、计算并显示波形参数，并提供对波形参数的辅助或全自动测量。

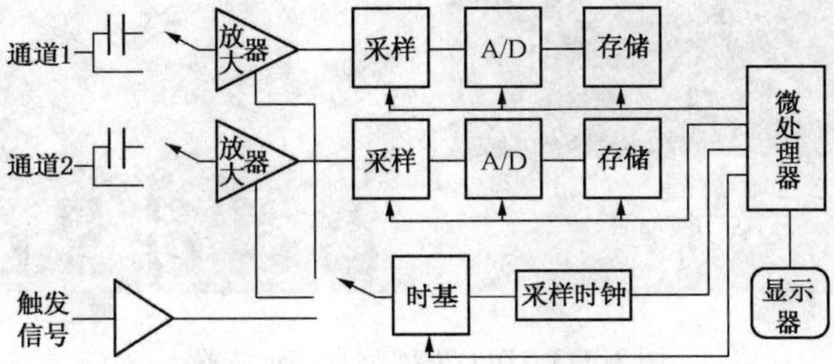

图 3.7.1　数字存储示波器原理框图

二、李萨如图形的基本原理

如果示波器的 X 和 Y 输入的是频率相同或频率成简单整数比的两个正弦电压，则屏上将呈现特殊形状的光点轨迹，这种轨迹图成为李萨如图形。频率比不同时将形成不同的李萨如图形。如果作李萨如图形的水平切线和垂直切线，其切点数分别为 N_x 和 N_y，则有

$$\frac{f_y}{f_x} = \frac{N_x}{N_y}$$

式中，f_x 和 f_y 分别是 X、Y 轴输入信号的频率。

利用李萨如图形能方便地比较两正弦号的频率。若已知其中一个信号的频率，数出图上的切点数 N_x 和 N_y，便可算出另一待测信号的频率。频率比为简单整数比的李萨如图形如图 3.7.2 所示。

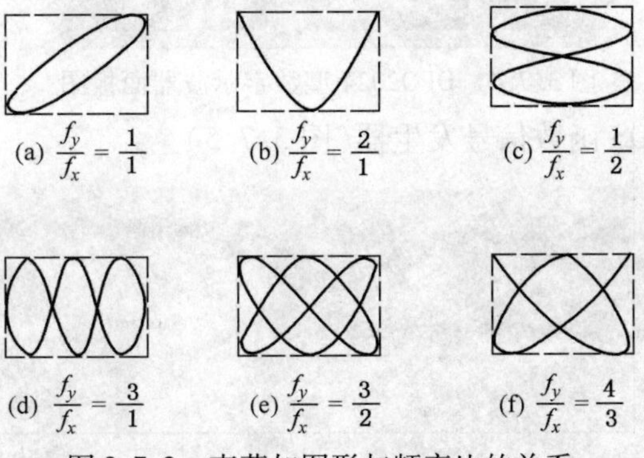

图 3.7.2　李萨如图形与频率比的关系

【实验仪器】

一、DPO2024 型数字示波器

这是一台带宽 200MHz，有四个模拟通道、采样率 1G、记录长度 1M 的数字荧光示波器，如图 3.7.3 所示，前面板见图 3.7.4。就操作而言，DPO2024 可以分成以下几个部分：垂直系统、水平系统、触发系统、逻辑通道与总线系统、波形监测系统、辅助控制和文件处理系统。各旋钮和按键的功能及使用方法简要说明见附录。

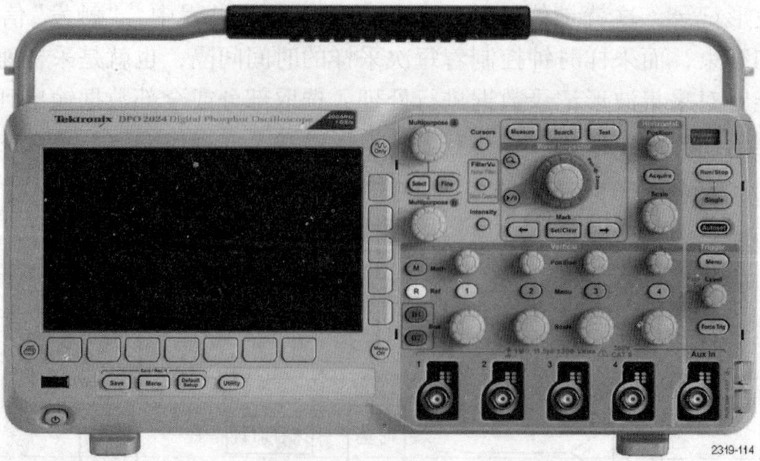

图 3.7.3　DPO2024 型数字示波器

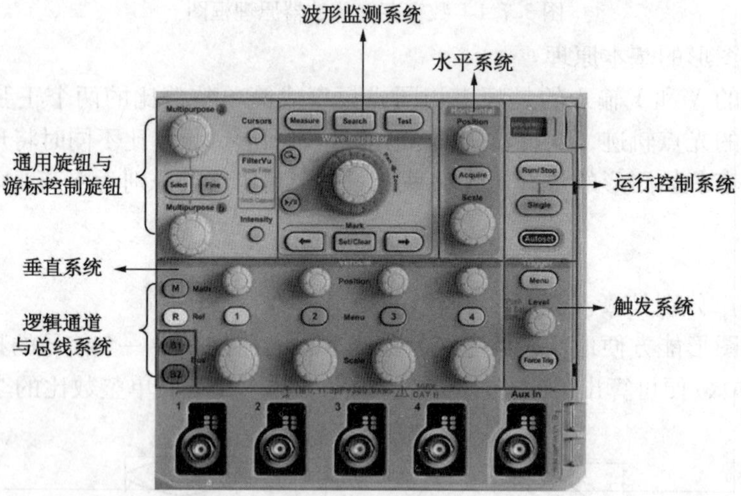

图 3.7.4　DPO2024 型数字示波器面板图

二、TFG2000 系列 DDS 函数信号发生器(图 3.7.5)

图 3.7.5

该函数信号发生器采用直接数字合成技术，使得输出信号的频率准确度达到 10^{-5} 或 10^{-7} 数量级，波形准确度高，失真小。

以下介绍 A 路功能的设定：

1. 频率设定：[频率][3][.][5][kHz]([]内为所按的键，这里设定 3.5kHz)；
2. 周期设定：[Shift][周期][2][5][ms]；
3. 幅度设定：[幅度][1][.][5][V]；

4. 幅度格式选择：[Shift][有效值]或[Shift][峰峰值]；

5. 波形选择：[Shift][0]或[Shift][1](选择正弦波或方波)；

6. 方波占空比设定：[Shift][占空比][6][5][Hz]。

详细用法见该函数信号发生器的用户使用指南。

【实验内容】

一、用示波器观察波形

1. 用示波器观察方波，测量其周期和电压的峰－峰值。

(1) 示波器连接

打开电源开关，预热。把测试探头连接到输入通道1的信号插座上；把探头信号连接钩和接地夹分别与示波器内置方波信号源的信号端和接地端连接(示波器右下角的两金属环)，探头衰减开关一般放在×10挡；按下通道1的黄色按钮接通输入信号，屏上出现方波波形和通道选项菜单。

(2) 通道参数设置

屏幕下方菜单的第一项是“耦合”，按下方的对应键选择“AC”，“反向”选择“关闭”；按“带宽”下方按键，屏幕右侧出现菜单，按“全带宽”右侧按键选择全带宽，按“Menu Off”或“带宽”下方按键返回主菜单；“标签”选项不变；按“探头设置”下方按键调出右侧菜单，选择“探头型号”为“电压”、选择“衰减10×”，然后按“Menu Off”返回。当屏幕有任何菜单时，按“Menu Off”键即可退出。

(3) 触发设置

按面板触发框内的“Menu”键调出触发设置菜单：按菜单第一项“类型”下方按键，转动“通用a”旋钮，选择“边沿”触发，返回主菜单；按“源”下方按键，用“通用a”旋钮进行选择“1”通道，返回主菜单；按“斜率”下方按键，选择上升沿或下降沿；按“电平”下方键调出右侧菜单，选择“电平”返回主菜单，旋转触发框内的“位置”旋钮，使屏幕上波形稳定。按“模式”下方按钮，在右侧菜单中选择“自动”，返回主菜单。再按一次“Menu Off”，退出触发设置菜单。

“采集”菜单的选项采用仪器默认设置，不需要改变。

(4) 调节波形显示

旋转通道1“标度”旋钮，使波形高度尽量大但不出屏幕，调整通道1“位置”旋钮，使波形处在中央；调整水平框内“标度”旋钮，使得屏幕上波形数目适中，用水平框内的“位置”旋钮调整波形的水平位置。

(5) 测量方波参数

按通用框中的“光标“按钮，屏幕上出现两条竖线(水平测量光标)，把“Fine”键按亮，旋转“通用旋钮a”旋转到一个周期的起始位置，旋转“通用旋钮b”把另一个光标移动到一个周期的结束位置，从屏幕上光标数据框中读出光标a和b的时间差，在这里就是方波的周期。

再按一次“光标“按钮，屏幕上出现两条水平虚线(竖直测量光标)，按通用框中的“Select”键，使竖直测量光标变成实线，水平测量光标变成虚线，旋转“通用旋钮a”使竖直光标a与方波的上边沿重叠，用“通用旋钮b”使竖直光标b与方波的下边沿重叠，然后从屏幕上显示的光标数据框中读出光标a和b的电压差，这就是方波信号的电压峰－峰值。再按一次“光标“按钮，清除光标显示。

2. 用示波器观察正弦波，测量其周期和电压的峰－峰值。

将信号发生器输出线接到“输出 A”插座上，把输出线的红夹和黑夹分别与示波器探头信号钩和接地夹连接，接通信号发生器电源，信号发生器屏幕上显示“正弦 A 路频率 1000. 00Hz”。按示波器通道 1 黄色按钮，屏幕下方出现通道设置菜单，按“耦合”下面的按键，选择“AC”，按“Menu Off”，退出设置菜单。其他设置与观察方波时的设置相同。调整波形稳定，数目适中，调整步骤同方波；测量正弦波的周期以及电压的峰－峰值步骤也与方波相同。

二、观察李萨如图形

1. 把信号发生器“输出 B”的信号接入示波器的通道 2 上，连线方法与“输出 A”到通道 1 连线相同。

2. 当信号发生器屏幕显示“正弦 A 路频率”时，依次按信号发生器面板上的“频率”按钮、输入 1000，再按“触发”按钮，则屏幕显示“正弦 A 路频率 1000. 00Hz”，说明 A 端输出的是 1000Hz 的正弦波。按“Shift/MHz”按键及“4”按钮，屏幕显示“正弦 B 路频率”，把 B 端输出也设定为 1000. 00Hz，方法同上。

3. 设定示波器通道 2 参数，方法与用通道 1 观察正弦波时相同。按面板水平框中的“采集”按钮，屏幕下方显示采集设定菜单，按“*XY* 显示”下面的按键，调出屏幕右侧菜单，按“*XY* 被触发”右侧按键，屏幕出现一个椭圆图形，并且缓慢旋转，这就是频率比为 1∶1 时的李萨如图形，观察并画出。按“Menu Off”退出菜单。

4. 把信号发生器 B 端输出频率设定为 2000. 00Hz，方法同上，观察并画出 $f_y : f_x = 2:1$ 的李萨如图形；同理，设定信号发生器 B 端输出频率为 3000. 00Hz，观察并画出相应的李萨如图形。

【思考题】

一、若在示波器上看到波形幅度太小，应调节哪个旋钮，使波形的大小适中？

二、如果图形不稳定，总是向左或向右移动，应该如何调节？

三、当通道 1 和通道 2 分别输入频率为 1000. 00Hz 的正弦信号时，示波器屏幕上并未观察到李萨如图形，可能有哪些原因？应分别做哪些调节？

【附录】

泰克 DPO 2024 数字示波器操作旋钮和开关的功能

前面板连接如图 3. 7. 6 所示。

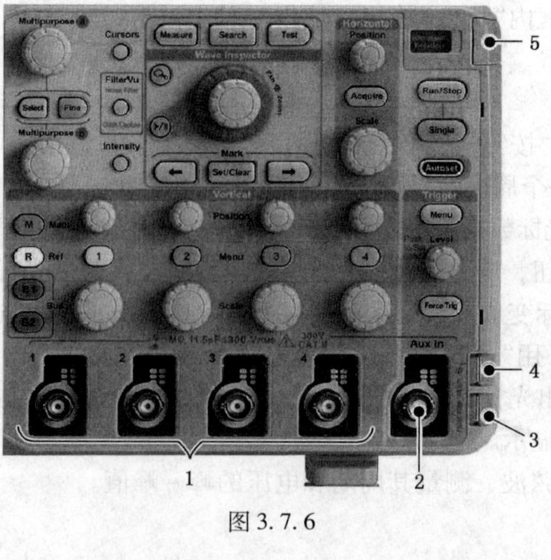

图 3. 7. 6

1. 通道1、2、(3或4)。具有TekVPI通用探头接口的通道输入。

2. Aux In(辅助输入)。触发电平范围从+12.5V到-12.5V可调。

3. 探头补偿。用来补偿探头的方波信号源。输出电压：0~5V，频率：1kHz。

4. 接地。

5. 应用模块插槽。

一、使用菜单

使用菜单按钮执行示波器中的许多功能如图3.7.7~图3.7.10所示。

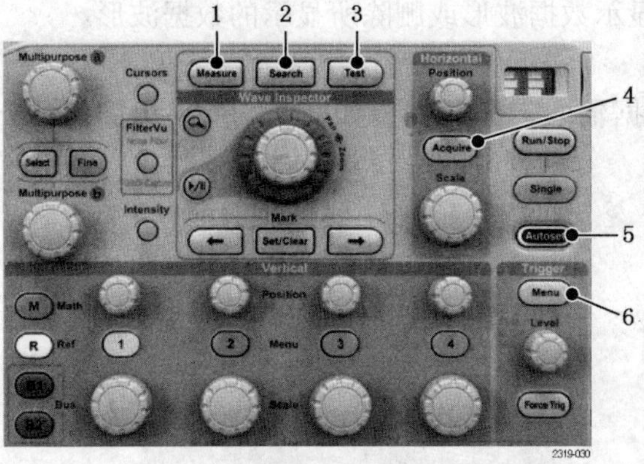

图3.7.7

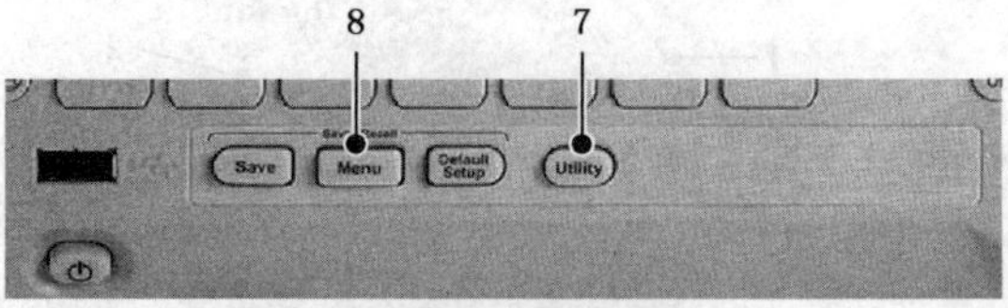

图3.7.8

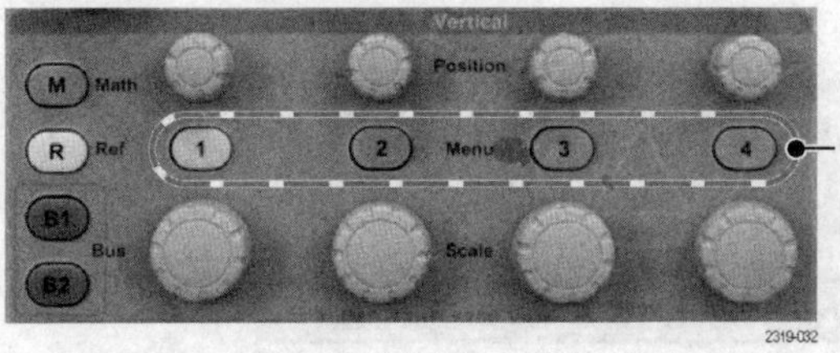

图3.7.9

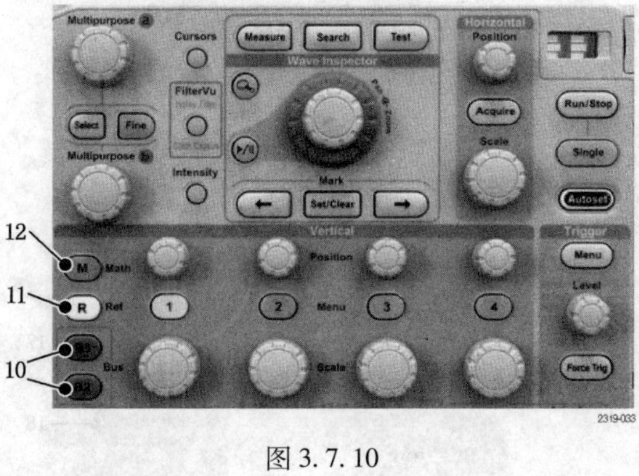

图3.7.10

1. “测量”按该按钮对波形执行自动测量或配置光标。

2. “搜索”按该按钮在捕获数据中搜索用户定义的事件/标准。

3. “测试”按此按钮可以激活高级的或专门应用的测试功能。

4. “采集”按此按钮可以设置采集模式并调整记录长度。

5. “自动设置”按此按钮可以对示波器设置执行自动设置。

6. “触发”菜单。按此按钮可以指定触发设置。

7. “Utility”按此按钮可以激活系统辅助功能，如选择语言或设置日期/时间。

8. “Save/Recall”(保存/调出)菜单。按下可保存和调出内部存储器或USB闪存驱动器内的设置、波形和屏幕图像。

9. 通道1、2、3或4菜单。按下即可以设置输入波形的垂直参数，并在显示器上显示或删除相应的波形。

10. B1 或 B2。如果有对应的模块应用密钥，则按下即可定义和显示串行总线。DPO2AUTO 模块支持 CAN 和 LIN 总线。DPO2EMBD 模块支持 I2C 和 SPI 总线。DPO2COMP 模块支持 RS－232、RS－422、RS－485 和 UART 总线。另外，按 B1 或 B2 按钮可以显示总线或删除所显示的相应总线。

11. “R”按此按钮可以管理基准波形，包括显示每个基准波形或删除所显示的基准波形。

12. “M”按此按钮可以管理数学波形，包括显示数据波形或删除所显示的数据波形。

二、使用其他控制

这些按钮和旋钮控制波形、光标和其他数据输入。按钮位置如图 3.7.11～图 3.7.16 所示。

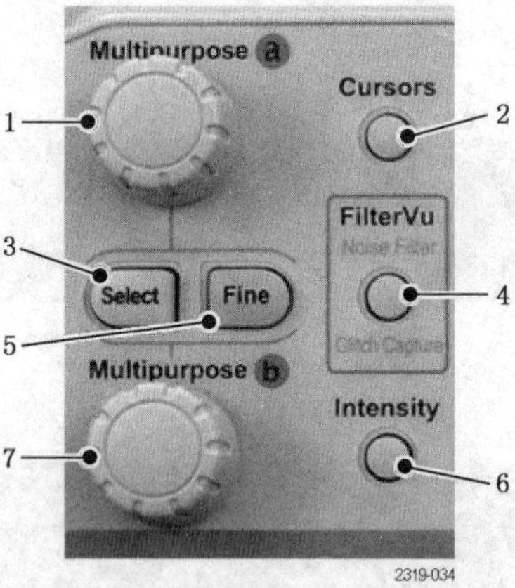

图 3.7.11

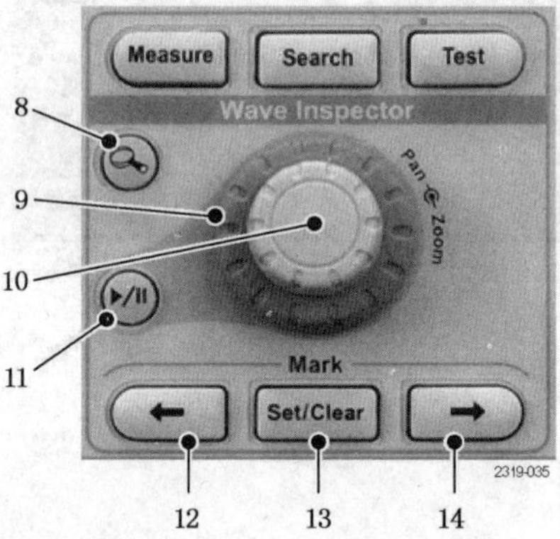

图 3.7.12

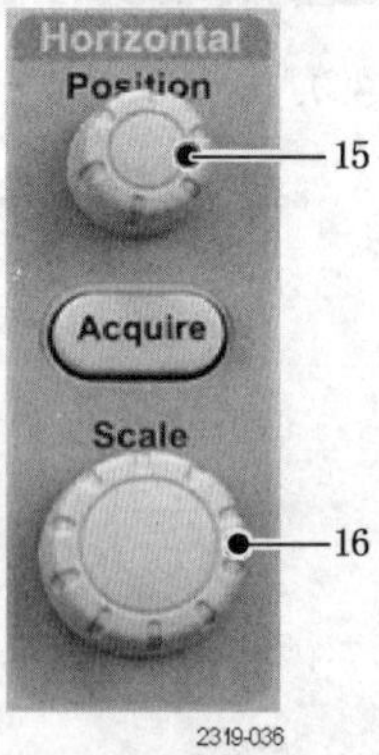

图 3.7.13

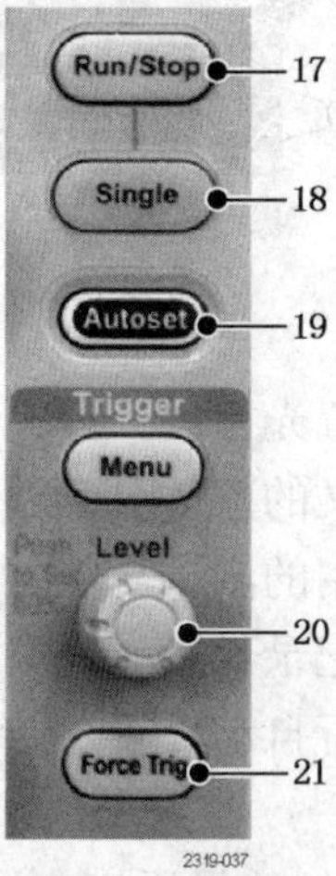

图 3.7.14

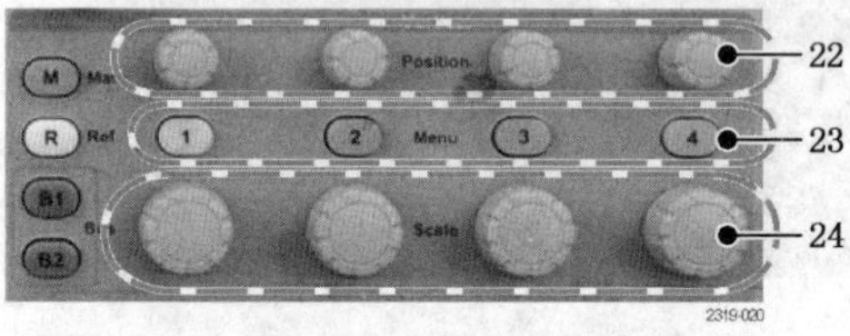

图 3.7.15

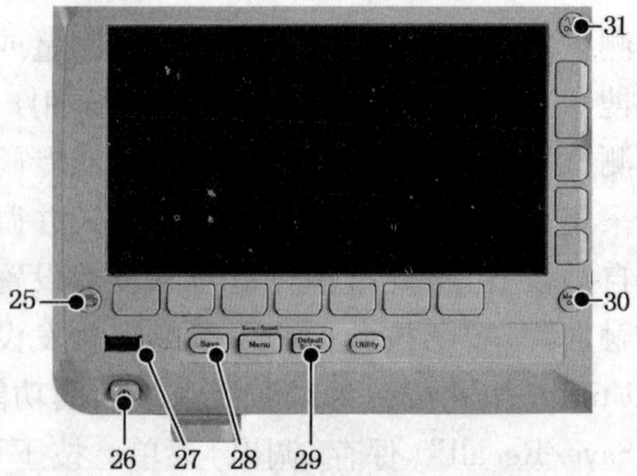

图 3.7.16

1. 激活后，旋转上方的通用旋钮 a 可以移动光标、设置菜单项的字参数值或从选项的弹出列表中进行选择。按附近的“精细”按、钮可以在粗调和微调之间进行切换。当 a 或 b 被激活时，屏幕图标会提示。

2. “光标”按一次便可激活两个垂直光标。再按一次可以打开两个垂直光标和两个水平光标。再按一次将关闭所有光标。光标打开时，可以旋转通用旋钮以控制其位置。

3. “选择”按此按钮可以激活特殊功能。例如，当使用两个垂直光标(水平光标不可见)时，可以按此按钮链接光标或取消光标之间的链接。当两个垂直光标和两个水平光标都可见时，可以按此按钮激活垂直光标或水平光标。

4. “FilterVu”按下可过滤信号中无用的噪声而同时仍然捕获毛刺。

5. “精细”按此按钮可以使用通用旋钮 a 和 b 的垂直和水平位置旋钮、触发电平旋钮以及许多操作在粗调和精细之间进行切换。

6. “亮度”按下可用多功能旋钮 a 控制波形的显示亮度，用旋钮 b 控制刻度亮度。

7. 激活时，旋转下方通用旋钮 b，可以移动光标或设置菜单项的数字参数值。按“精细”可以更缓慢地进行调整。

8. 缩放按钮。按此按钮可激活缩放模式。

9. “平移”(外环旋钮)旋转该环可以在采集的波形上滚动缩放窗口。

10. “缩放”(内环旋钮)旋转该旋钮可以控制缩放因子。顺时针旋转可以放大。逆时针旋转可以缩小。

11. “播放/暂停按钮”按此按钮可以开始或停止波形的自动平移。使用、平移旋钮控制速度和方向。

12. “←上一标记”按此按钮可以跳到上一波形标记。

13. “设置/清除标记”按此按钮可以建立或删除波形标记。

14. “→下一标记”按此按钮可以跳到下一波形标记。

15. “水平位置”旋转此旋钮确定预触发取样和触发后取样的数量。按“精细”可以进行更小调整。

16. “水平标度”旋转此旋钮可以调整水平标度(时间/分度)，确定采集窗口相对于波形的大小。可以调整窗口的比例，以包含波形边沿、一个周期、几个周期或数千周期。

17. “运行/停止”按此按钮可以开始或停止采集。

18. “单次”按此按钮进行单一采集。

19. “自动设置”按此按钮可以自动设置垂直、水平和触发控制以进行有用、稳定的显示。

20. “触发电平”旋转此旋钮可以调整、触发电平。按下设为50%。按“触发”部分的“位置”旋钮可将触发、位置设为波形的中点。

21. “强制触发”按此按钮可以强制执行立即触发事件。

22. “垂直位置”旋转这些旋钮可以调整相应波形的垂直位置。按“精细”可以进行更小调整。

23. “1、2、3、4”按这些按钮之一可以显示波形或删除所显示的相应波形以及访问垂直菜单。

24. “垂直标度”旋转此旋钮可以调整相应波形的垂直标度因子(伏特/分度)。

25. “打印”按下可打印到 PictBridge 打印机。

26.“电源开关”按下可打开或关闭示波器电源。

27. USB 2.0 主机端口。将 USB 外设(例如键盘或闪存驱动器)插入示波器。

28.“Save”按此按钮可以执行立即保存操作。保存操作使用当前保存、参数，如 Save/Recall 菜单中所定义。

29.“Default Setup”按此按钮可以将示波器立即还原为默认设置。

30.“Menu Off”按此按钮可以清除屏幕中显示的菜单。

实验八　分光计的调节和固体折射率的测定

分光计是一种能精密测量角度的光学仪器，常用来测量折射率、光波波长、色散率和观测光谱等。分光计的基本部件和调节原理与其他更复杂的光学仪器(如单色仪、摄谱仪等)有很多相似之处，学习和使用分光计可以为以后使用精密光学仪器打下良好基础。

折射率是表示透明物质折光性能的物理常数，同一介质中不同波长有不同的折射率，一般随着波长的减小而增大。利用光学玻璃、石英玻璃、微晶玻璃等光学材料制作光学器件时，必须首先测定它们的折射率，工程上的折射率是对钠黄光(589.3nm)而言。将光学玻璃制成三棱镜，就可以利用分光计精确测定入射光与出射光的夹角，从而通过它与折射率的固定函数关系得出光学玻璃的折射率。

【实验目的】

一、了解分光计的结构原理，掌握分光计的调节方法。

二、学会用分光计测三棱镜的折射率。

【实验仪器】

分光计(JJY 型)，平面反射镜，三棱镜，钠光灯。

【实验原理】

一、分光计的基本结构

分光计是测量角度的光学仪器。如图 3.8.1 所示，其基本结构主要由望远镜、载物台、平行光管、和读数装置四个部分组成。现将它的构造和作用分别加以叙述。

1. 望远镜

望远镜的结构如图 3.8.1 所示，它由物镜和目镜组成，物镜固定在 A 筒一端，它是一块消色差的复合正透镜；物镜和目镜之间装有一带叉丝的分划板，分划板固定在 B 筒上。目镜是装在 B 筒里并可沿 B 筒前后滑动，以改变目镜和分划板的距离，使通过目镜可以看清分划板上的叉丝。B 筒可沿 A 筒滑动，以改变分划板与物镜的距离，使分划板能调到物镜的焦平面上。目镜又由物镜和接目镜组成，在目镜和分划板之间装有一块全反射三棱镜，三棱镜紧靠分划板的那一面刻有一个“十”字通光窗口，B 筒下侧开有小孔，照明小灯的光经滤色镜后从筒侧进入，经小棱镜反射后沿望远镜光轴方向照亮分划板。前后移动 B 筒使分划板调到物镜焦平面上，则经平面镜反射、再由物镜折射的光必成像在分划板叉丝上方交点处，如图 3.8.2 所示，即达到自准。这种结构的目镜称为阿贝(Abbe)目镜。分光计上常用带有阿贝目镜的自准望远镜，称为阿贝式自准望远镜。

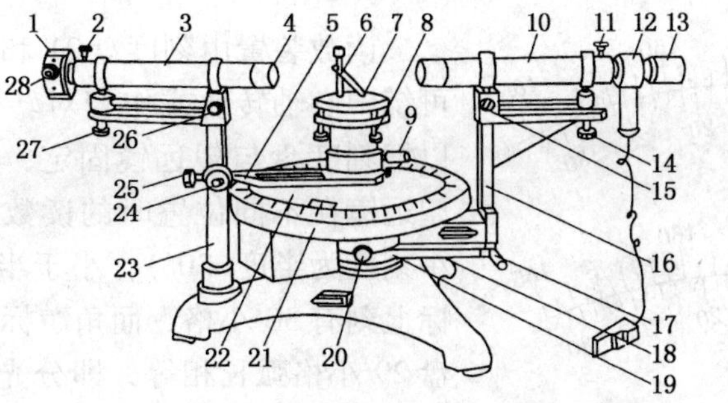

图 3.8.1

1—狭缝；2—狭缝锁紧螺钉；3—平行光管；4—平行光管准直镜；5—制动架(二)；6—簧片；7—载物台；8—载物台调平螺钉；9—载物台锁紧螺钉；10—望远镜；11—目镜锁紧螺钉；12—阿贝式自准目镜；13—目镜调焦手轮；14—望远镜俯仰调节螺钉；15—望远镜水平调节螺钉；16—望远镜支臂；17—望远镜微调螺钉；18—望远镜与主轴止动螺钉；19—制动架(一)；20—转座与度盘止动螺钉；21—刻度盘；22—游标盘；23—平行光管立柱；24—游标盘微调螺钉；25—游标盘止动螺钉；26—平行光管水平调节螺钉；27—平行光管俯仰调节螺钉；28—狭缝调节螺钉

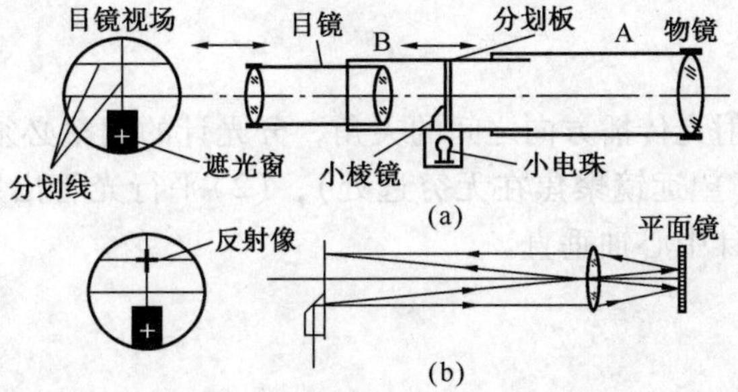

图 3.8.2

望远镜与读数盘相连，松开螺钉 20，可使它们绕分光计中心轴在水平面自由转动，旋紧此螺钉再调节望远镜微调螺钉 17，还可使望远镜做微小转动。望远镜筒下的调平螺钉 14 可以调节望远镜水平位置。

2. 平行光管

平行光管 3 的作用是让进入平行光管的光线出射时成为一束平行光。在一柱形圆筒的一端装有一个可伸缩的套筒，套筒末端有一狭缝，筒的另一端装有消色差透镜组。如图 3.8.3 所示，当狭缝调节到透镜焦平面上时，平行光管就射出平行光束。狭缝的宽度可由螺钉 28 调节。平行光管的水平度可用螺钉 27 调节。

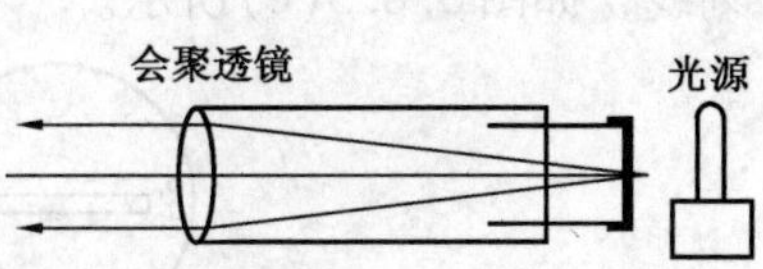

图 3.8.3

3. 载物台

载物台 7 是用来放置待测器件的，如：平面镜、光栅和三棱镜等。台上附有夹持待测件的簧片 6，台面下方装有 3 个调平螺钉 8，用来调整台面的水平和高度，这 3 个螺丝的中心形成一等边三角形。松开螺钉 9，载物台可以单独绕分光计中心轴转动或升降；拧紧螺钉 9，则它将与游标盘固定在一起。

4. 读数装置

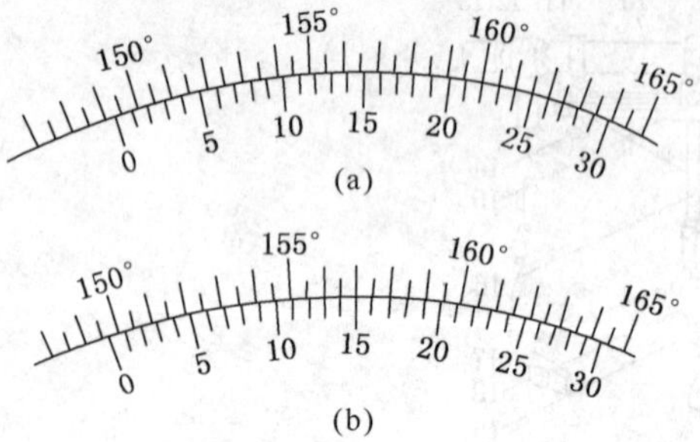

图 3.8.4

读数装置由刻度盘 21 和游标盘 22 组成。它们都可绕中心轴转动或作相对转动，旋紧螺钉 18，即可以把刻度盘与望远镜固定，此时可以利用游标读出望远镜在不同位置时的读数，刻度盘分为 360°，最小刻度为半度(30′)，小于半度则利用游标读数。游标上刻有 30 小格，而角游标 30 小格对应弧长与刻度盘 29 小格弧长相等，即分光计角游标精度为 1′。游标的读数方法与游标卡尺的读数方法相似，如图 3.8.4(a)所示位置应读为 149°22′，图 3.8.4(b)所示位置应读为 149°44′。

望远镜、载物台、刻度盘的转轴应与分光计的中心轴线(主轴)相重合，平行光管和望远镜的光轴需与分光计主轴垂直，但在仪器制造中难免会存在一些误差。为了消除这一偏心误差，在刻度盘同一直径的两端各装有一个游标。测量时，两个游标都要读数，然后分别算出每个游标两次读数差，再取平均值。以平均值作为测量结果，即可消除上述的偏心误差。

二、分光计的调整

要测准入射光和出射光传播方向之间的夹角，分光计的调整必须满足下述要求：(1)望远镜适合于接收平行光(望远镜聚焦在无穷远处)；(2)平行光管出射平行光；(3)望远镜、平行光管的光轴与分光计中心轴垂直。

其调整步骤分为：

1. 目测粗调

为了便于调整望远镜和平行光管的光轴与分光计中心轴线严格垂直，要先用目测法进行粗调，使望远镜、平行光管及载物台大致处于水平状态。

2. 使望远镜聚焦在无穷远处

(1) 点亮望远镜中的照明小灯，从望远镜中可看到偏于下方有一块绿色亮斑。旋转目镜调焦手轮 13，使分划板上叉丝成像清晰。从绿色亮斑中能清楚地看到中间有一黑色小十字刻线，如图 3.8.5(c)所示。

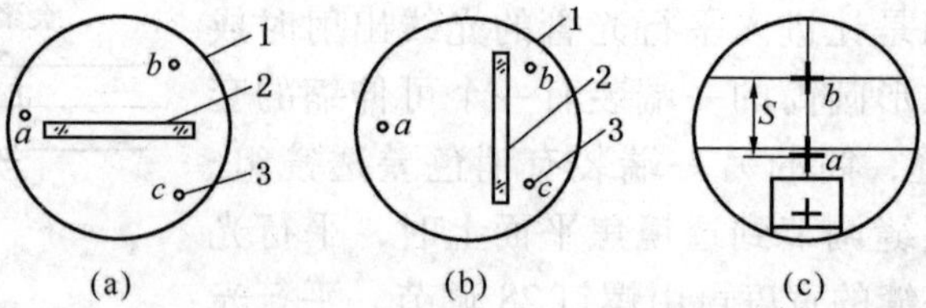

图 3.8.5

1—载物台；2—平行平面镜；3—三个阀平螺钉(a、b、c)

(2) 将平面反射镜按图 3.8.5(a)或图 3.8.5(b)所示的位置放于载物台上，在平面镜与望远镜相垂直处轻缓转动载物台，在望远镜中寻找经平面镜反射后十字像。若找不到，说明望远镜与平面镜的垂直偏离较大，应再进行细心粗调，也可先从望远镜上侧或下侧寻找。设法找到十字像后，松开目镜固定螺钉 11，缓缓地前后移动目镜，使十字像最清晰，且与黑色的叉丝无视差。此时望远镜已聚焦在无穷远处，锁紧螺钉 11。

3. 调节望远镜光轴与分光计转轴垂直

此时反射光的十字像可能处在图3.8.5(c)中的a位置，若小镜子按照图3.8.5(a)放置，则调节载物台水平调节螺钉b或c，使十字像上移$S/2$，再调节望远镜俯仰，调节螺丝14，使十字像在b点与叉丝上交点重合；若小镜子按照图3.8.5(b)放置，则对载物台水平调节螺钉a和望远镜螺钉14各调一半使其重合。将载物台旋转180°，仍用各调一半的方法使十字像与叉丝上交点重合，如此反复几次，使平面反射镜两面反射回的十字像都能落在b处，此时望远镜的光轴已与分光计的主轴垂直了。

4. 使平行光管出射平行光且与分光计主轴垂直

点亮钠灯，并使它照亮狭缝。将望远镜对准平行光管找到钠灯亮线，松开狭缝锁紧螺钉2，轻轻前后移动狭缝，使亮线最清晰，且亮线方向与叉丝的竖直线平行，此时平行光管射出平行光。旋转螺钉27，使亮线落在分划板中间，此时平行光管的光轴与分光计主轴垂直。

三、玻璃三棱镜的测量原理

如图3.8.6所示，三角形ABC表示三棱镜的截面，AB和AC是透光的光学表面，又称折射面，其夹角α称为三棱镜的顶角。BC为毛玻璃面，称为三棱镜的底面。一束平行单色光LD入射到棱镜AB面上，经过两次折射后沿ER方向射出，则入射线LD与出射线ER的夹角δ称为偏向角，由图中几何关系

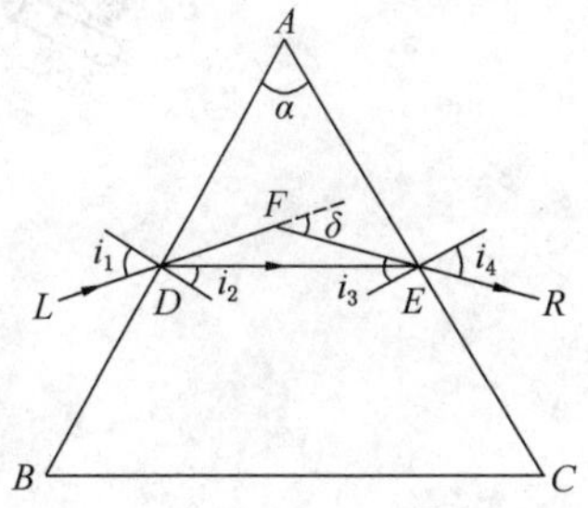

图3.8.6

$$\delta = (i_1 - i_2) + (i_4 - i_3) \quad (3.8.1)$$

顶角
$$\alpha = i_2 + i_3 \quad (3.8.2)$$

对于给定的棱镜来说，α是固定的，δ随i_1和i_4而变化，而i_4与i_3、i_2、i_1依次相关，因此i_4归根结底是i_1的函数，偏向角δ随i_1的变化而变化。根据折射定律，当$i_2 = i_3$或$i_1 = i_4$时，δ存在一极小值，称为最小偏向角，用δ_{min}表示。 (3.8.3)

$$\delta_{min} = 2(i_1 - i_2) \quad (3.8.4)$$

这时的入射光和出射光的方向关于棱镜对称。将式(3.8.3)分别代入式(3.8.2)、式(3.8.4)，得到$i_1 = \dfrac{\alpha + \delta}{2}$及$i_2 = \dfrac{\alpha}{2}$，于是，棱镜对单色光的折射率$n$可表示为

$$n = \frac{\sin i_1}{\sin i_2} = \frac{\sin \dfrac{\alpha + \delta_{min}}{2}}{\sin \dfrac{\alpha}{2}} \quad (3.8.5)$$

因此，只要测出棱镜的顶角α和最小偏向角δ_{min}，就可算出棱镜对该单色光折射率n。

1. 三棱镜顶角的测量

测量三棱镜顶角的方法有自准法及反射法两种。

(1) 自准法

将三棱镜按图3.8.7所示位置放于载物台上，让棱镜的一光学面AB垂直与平台下三螺丝的连线之一，则同时另一光学面AC也垂直于另一连线。转动载物台使AB面正对望远镜，在望远镜中可找到AB面反射回来的十字像(光射到AB面后，大部分被折射，因而反射回来的十字像强度较弱，要仔细寻找)。调节载物台下螺丝a使十字像位于图3.8.5(c)中的b处。转动载物台使AC面正对望远镜，找到反射回来的十字像，调节螺钉b，使十字像仍位

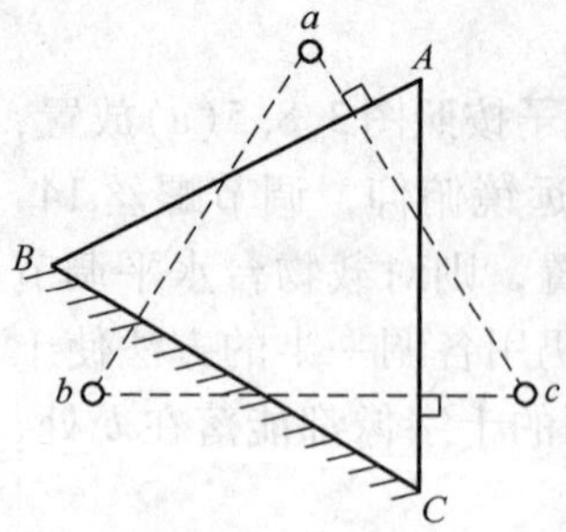

图 3.8.7

于图 3.8.5(c)中的 b 处。如此反复，直至由两个侧面反射回来的像都处在 b 处。选择调节螺钉的原则是改变其中一面仰角时不改变另一面的仰角。此时，棱镜的主截面已与分光计的主轴垂直，且棱镜的主截面平行于刻度盘。如图 3.8.8(b)所示，使望远镜转至Ⅰ位置，可在望远镜中找到棱镜 AB 面反射回的绿十字像，使其对准叉丝以后，记录刻度盘上两游标读数 φ_1、φ_1'，使望远镜转至Ⅱ位置时对准又可读得 φ_2、φ_2'，则

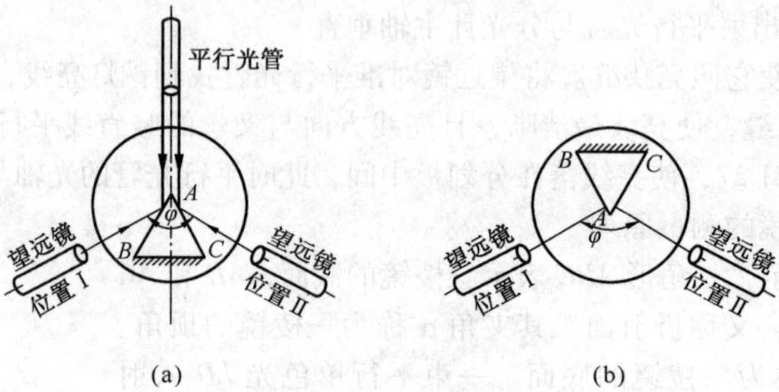

图 3.8.8

$$\varphi = \frac{1}{2}[(\varphi_2' - \varphi_1') + (\varphi_2 - \varphi_1)] \tag{3.8.6}$$

三棱镜顶角

$$\alpha = 180° - \varphi \tag{3.8.7}$$

(2) 反射法(选作)

如图 3.8.8(a)所示，将三棱镜放在载物台上，并使棱镜顶角对准平行光管，则平行光管射出的光束照在棱镜的两个折射面上。将望远镜转至Ⅰ处，可观察到从棱镜 A 面上反射的狭缝亮线，锁紧望远镜与主轴止动螺钉 18，调节望远镜微调螺钉 17，使分划板叉丝准确对准狭缝亮线，从两个游标中可读出度盘角度 φ_1、φ_1'；再将望远镜转至Ⅱ处，可观察到从 AC 面反射回的狭缝亮线，同样读出度盘读数 φ_2、φ_2'。

由图 3.8.8(a)可得棱镜的顶角为 $\alpha = \dfrac{\varphi}{2}$ (3.8.8)

值得注意的是当望远镜从Ⅰ位置转至Ⅱ位置过程中，若角度值是增加的，且过了 360°数值，则 φ_2 和 φ_2' 应将读数值再加 360°；若望远镜从Ⅰ位置转至Ⅱ位置过程中，角度值是减小的，且过了 360°数值，则应该将 φ_1 和 φ_1' 读数值再加 360°，且式(3.8.6)变为

$$\varphi = \frac{1}{2}[(\varphi_1' - \varphi_2') + (\varphi_1 - \varphi_2)] \tag{3.8.9}$$

2. 测量最小偏向角

(1) 将棱镜置于载物台上，并使棱镜的 AC 面与平行光管的光轴夹角约 30°，如图 3.8.9 所示。

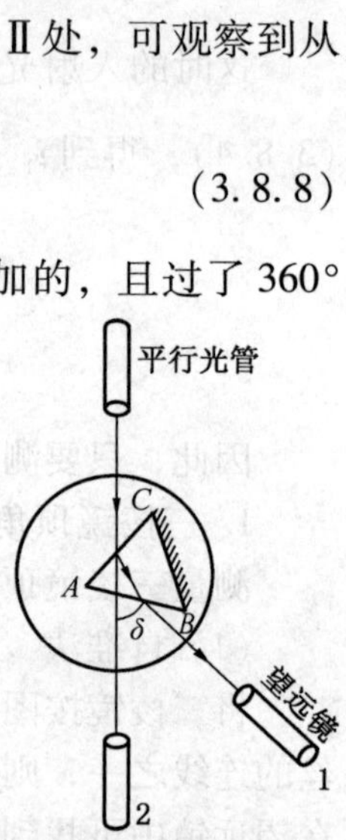

图 3.8.9

(2) 用钠灯照亮狭缝，根据折射定律，判断折射光线的出射方向。将望远镜转向该方向观察，可看到一条黄色谱线。然后轻轻转动载物

台，同时注意谱线的移动情况，选择偏向角减小的方向，缓缓转动载物台，使偏向角继续减小，相应移动望远镜跟踪谱线，继续沿这个方向转动载物台时，可看到谱线移至某一位置后，将反向移动。这说明偏向角存在一最小值。

（3）当谱线达到最小偏向角位置1时，微调望远镜，使谱线与竖叉丝准确对正，记下游标盘的左、右读数 θ_1、θ'_1。将望远镜转至对准平行光管，即位置2，微调望远镜使叉丝对准狭缝亮线，在两个游标上又读得 θ_2、θ'_2。对比式(3.8.6)，谱线的最小偏向角

$$\delta_{\min} = \frac{1}{2}[|\theta_2 - \theta_1| + |\theta_2' - \theta_1'|] \tag{3.8.10}$$

【实验内容与步骤】

一、按照分光计调整要求调整好分光计；

二、测三棱镜顶角，重复测量5次将数据记入表3.8.1；

三、测量三棱镜对钠灯谱线的最小偏向角，重复测量5次，将所测数据列入表3.8.2。

【数据处理】

表3.8.1

次数	Ⅰ位置		Ⅱ位置		φ/°	平均值 $\bar{\varphi}$/°
	φ_1（左）	φ_1'（右）	φ_2（左）	φ_2'（右）		
1						
2						
3						
4						
5						

表3.8.2

次数	位置2		位置1		最小偏向角	平均值
	θ_2（左）	θ'_2（右）	θ_1（左）	θ'_1（右）	$\delta_{\min}$	$\bar{\delta}_{\min}$
1						
2						
3						
4						
5						

折射率及其不确定度的计算：

折射率
$$\bar{n} = \frac{\sin\frac{\bar{\alpha} + \bar{\delta}_{\min}}{2}}{\sin\frac{\bar{\alpha}}{2}} \tag{3.8.11}$$

计算不确定度 u_α、$u_{\delta_{\min}}$ 及 u_n（提示：仪器误差取1′）。

$$u_n = \sqrt{\left(\frac{\cos\frac{A+\delta_{\min}}{2}}{2\sin\frac{A}{2}}u_{\delta_{\min}}\right)^2 + \left(\frac{\sin\frac{\delta_{\min}}{2}}{2\sin^2\frac{A}{2}}u_A\right)^2} \tag{3.8.12}$$

写出结果表达式：$n = \bar{n} \pm u_n$。

【注意事项】

一、不要用手触摸光学元件（目镜、小镜子、三棱镜等）的光学面，被污染时请用镜头纸轻轻擦拭，轻拿轻放，严防损坏玻璃元件；

二、调节平行光管狭缝时，勿将两个刀片相碰，以防损坏；

三、游标读数时，当主尺“0”刻线越过某侧游标“0”刻线（即望远镜转过360°）时，若是按角增加方向转，则该侧角度值+360°；若是按角减小方向转，则该侧角度值应-360°。

【思考题】

一、实验前为什么对分光计进行调节，调节要达到一个什么样的标准？

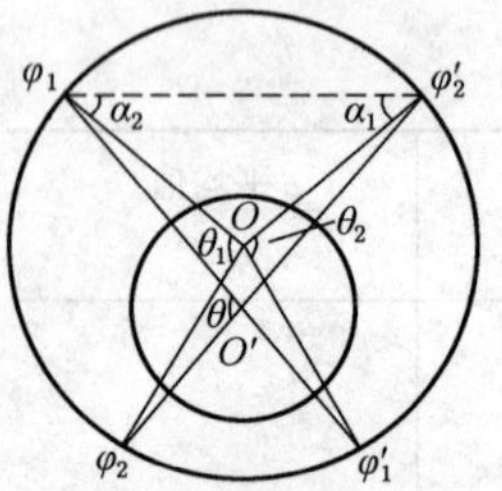

图 3.8.10

二、自准法调节望远镜时，如果望远镜中叉丝在物镜焦点以内或以外，则十字经平面镜反射回到望远镜后的像将成在何处？（用作光路图的方法说明）。

三、调节望远镜光轴与分光计主轴垂直时，为什么要“各半调节”望远镜和平面反射镜的倾角？调其中之一能否达到目的？

四、用反射法测三棱镜顶角时，三棱镜最理想的位置应该在哪里？如果太靠近了，会发生什么情况？

五、实验是采用什么方法来消除仪器的“偏心”的系统误差？试根据图3.8.10进行理论证明：如何用该方法消除“偏心”误差。

实验九　等厚干涉——牛顿环、劈尖

牛顿环与劈尖干涉都是由振幅分割法产生的等厚干涉。牛顿环在检验光学元件的球面度、材料的平整度、测量透镜的曲率半径等方面有着重要的应用，劈尖干涉常用于测量细丝直径及薄片的厚度，也可以用来检验光学元件表面的光洁度和平整度。

【实验目的】

一、观察牛顿环和劈尖产生的干涉条纹并了解其特性；

二、学习用干涉法测量透镜的曲率半径和薄片的厚度（或微小直径）；

三、掌握读数显微镜的正确使用方法。

【实验原理】

一、牛顿环

将一块曲率半径较大的平凸透镜的凸面置于一块光学玻璃板上后，在透镜凸面和平玻璃板间就会形成从中心向周边逐渐增厚的空气薄膜。当以平行单色光垂直入射时，在空气膜的上下缘面处产生的反射光，在空气膜上缘面附近相遇而产生干涉，出现以接触点为中心的一系列明暗交替的同心圆环，即牛顿环，如图 3.9.1(a)所示。

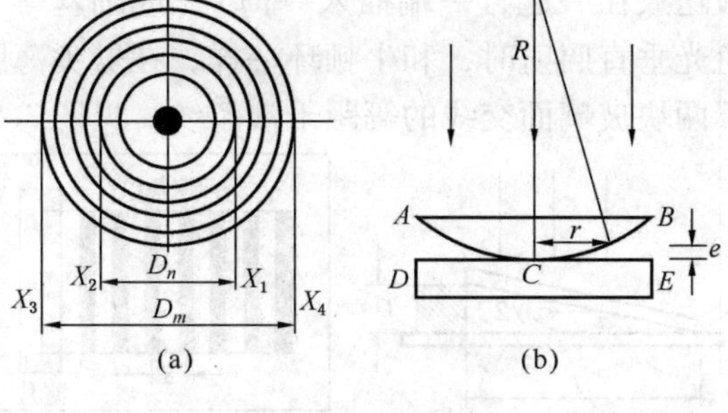

图 3.9.1 牛顿环

由图 3.9.1(b)可知

$$R^2 = r^2 + (R - e)^2$$

其中 R 为透镜的曲率半径，与接触点相距 r 处的空气薄膜厚度为 e，化简后得到

$$r^2 = 2eR - e^2$$

由于空气薄膜厚度远小于透镜的曲率半径，即 $e \ll R$，所以可略去二级小量 e^2。于是得

$$e = r^2/2R \tag{3.9.1}$$

由光路分析可知，与第 k 级条纹对应的两束相干光的光程差为

$$\delta = 2e_k + \frac{\lambda}{2} \tag{3.9.2}$$

e_k 为第 k 级条纹对应的空气膜的厚度。

将式(3.9.1)代入式(3.9.2)，得

$$\delta = \frac{r_k^2}{R} + \frac{\lambda}{2}$$

由干涉条件可知，暗纹的条件是 $\delta = \frac{r^2}{R} + \frac{\lambda}{2} = (2k+1)\frac{\lambda}{2}$，于是得

$$r_k^2 = kR\lambda \qquad (k = 0,1,2\cdots) \tag{3.9.3}$$

观察牛顿环时会发现，牛顿环中心不是一点，而是一个不甚清晰的、不完全规则的暗的或者亮的圆斑。其原因是透镜和平玻璃板接触时，由于接触压力而引起明显的表面形变，使接触处为一圆面，故其附近圆环的直径不能按式(3.9.3)计算；再则，镜面上可能有微小灰尘，“接触点”实际上有间隙，从而引起附加的光程差，这时也就不能确定某环的级数 k。这些都会给测量带来较大的系统误差。

根据式(3.9.3)，可得 $r_m^2 = mR\lambda$，$r_n^2 = nR\lambda$

两式相减，得 $r_m^2 - r_n^2 = (m-n)R\lambda$，因 m、n 有着不确定性，利用 $m-n$ 这一组相对数据恰好消除了绝对测量的不确定性带来的误差。

又因暗环圆心不易确定，故取暗环的直径来替换半径，得

$$D_m^2 - D_n^2 = 4(m-n)R\lambda$$

因而，透镜的曲率半径 R 为

$$R = \frac{D_m^2 - D_n^2}{4(m-n)\lambda} \tag{3.9.4}$$

至于测出的是近中心的干涉环的弦长而非真正的直径，这对实验结果并没有影响，从几

何学上可以证明：任意两干涉环的直径的平方差等于它们的弦长的平方差。

二、劈尖干涉

将两块光学平玻璃板迭放在一起，一端插入一薄片（或细丝等），则会在两玻璃板间形成一空气劈尖。当用单色光垂直照射时，和牛顿环一样，在劈尖薄膜上下两表面反射的两束光发生干涉，产生平行于两块玻璃面交线的等距干涉条纹。见图 3.9.2。

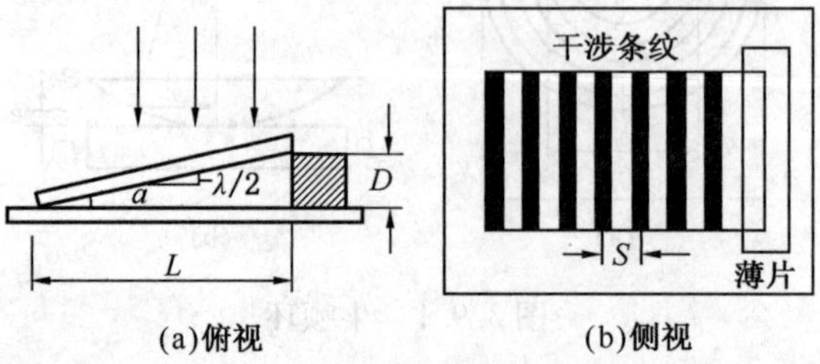

图 3.9.2　劈尖干涉

两束反射光的光程差为

$$\delta = 2e_k + \frac{\lambda}{2}$$

形成暗条纹的条件为

$$\delta = 2e_k + \frac{\lambda}{2} = (2k+1)\frac{\lambda}{2} \qquad (k = 0,1,2\cdots\cdots)$$

与 k 级暗条纹对应的薄膜厚度为

$$e_k = k\frac{\lambda}{2} \tag{3.9.5}$$

利用此式，可知相邻暗（或亮）条纹的空气薄膜厚度差为 $\lambda/2$，相隔 N 级暗（或亮）条纹的空气薄膜厚度差为 $N\lambda/2$。

【实验仪器】

读数显微镜、平面玻璃、钠光灯、牛顿环装置、薄纸片等。

【实验内容】

一、测透镜的曲率半径

1. 调整牛顿环测量装置

手拿牛顿环测量装置（图 3.9.3），在自然光下可以看到一个圆形小黑点即牛顿环，适当调节框架上的三个螺丝的松紧程度，使小黑点移到中心（注意调节螺丝不能太紧）。

2. 调整读数显微镜

(1) 打开钠光灯，预热 3 ~ 5min；

(2) 调整读数显微镜镜筒位置，使其置于标尺中央 25cm 处；

(3) 将牛顿环装置放到读数显微镜的镜筒下；

(4) 调节平面玻璃反射镜 G（约 45°），使显微镜视场亮度

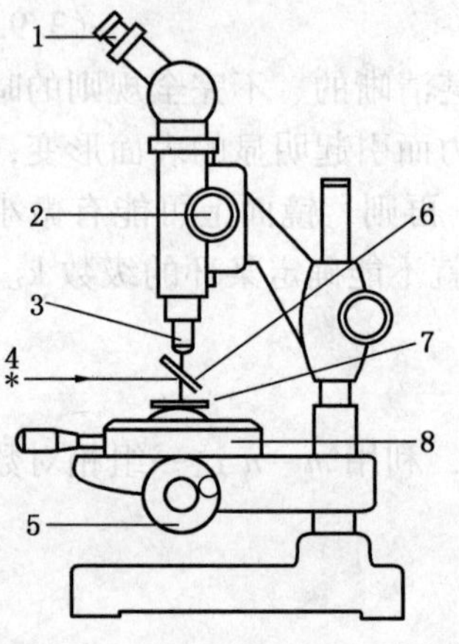

图 3.9.3　牛顿环测量装置

1—目镜；2—调焦手轮；3—物镜；4—钠灯；5—测微鼓轮；6—半反射镜；7—牛顿环；8—载物台

最大；

（5）调节目镜，使在目镜中能看清楚叉丝像；

（6）转动调焦手轮，使显微镜镜筒自下（接近透镜的位置）而上缓慢地上升，直到观察到清晰的牛顿环干涉条纹。

3. 测量牛顿环的直径

（1）移动牛顿环装置，使叉丝交叉点与牛顿环中心重合；

（2）转动测微鼓轮，使显微镜叉丝相对于测量工作台往某一方向（向右）移动，同时数出移过去的暗环的级数 m（中央暗斑 $m=0$，四周暗环依次是 $m=1$，2，3…）。当移到 55 环时，把鼓轮往相反方向转动，当叉丝交点压着 $m=50$ 的暗环中间时记下显微镜所在的位置（读数可估计出千分之一毫米）。继续沿同方向转动鼓轮，中途不可倒转，依次测出 $m=49$，48，47，46 与 25，24…21 各级暗环的位置；继续沿同方向转动鼓轮（亦即使叉丝继续前进），当叉丝经过中央暗斑而到达另一边的第 21 级暗环中间时，又开始记录数据。然后，就依次记下 $n=22$，23，24，25，与 46，47，…50 各级暗环的位置。最后，算出各级牛顿环直径的平方值后，用逐差法取 $(m-n)=25$ 处理所得数据，代入式（3.9.5）计算 R，推导 R 的不确定度计算公式，计算出 R 的不确定度，并正确表示实验结果。

注：$u_{(m-n)}$ 取 0.2 计算。

二、用劈尖干涉法测微小厚度（或微小直径）

1. 薄片（或细丝）夹在两块平玻璃板之间，置于显微镜载物台上；

2. 用显微镜观察劈尖干涉条纹；

3. 多次测量 20 条条纹的间距 L_x 和薄片与劈尖棱边的距离 L。

【数据处理】

1. 牛顿环

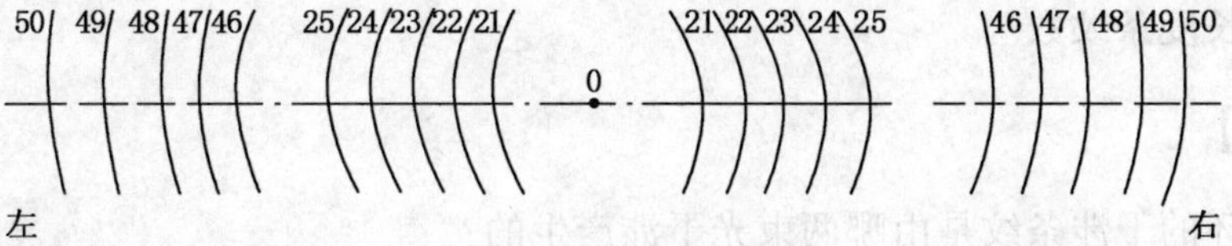

左⟶0：记录 50，49，48，47，46……25，24，23，22，21 条纹位置；

0 ⟶右：记录 21，22，23，24，25……46，47，48，49，50 条纹位置。

条纹级数	m					n				
	50	49	48	47	46	25	24	23	22	21
左/mm										
右/mm										
D/mm										

$D_{50}^2-D_{25}^2$	$D_{49}^2-D_{24}^2$	$D_{48}^2-D_{23}^2$	$D_{47}^2-D_{22}^2$	$D_{46}^2-D_{21}^2$	$\overline{D_m^2-D_n^2}$

$$\overline{R} = \frac{\overline{D_m^2 - D_n^2}}{4(m-n)\lambda};\ \frac{u_R}{\overline{R}} = \sqrt{\left(\frac{u_{\overline{(D_m^2-D_n^2)}}}{\overline{D_m^2 - D_n^2}}\right)^2 + \left(\frac{u_{(m-n)}}{m-n}\right)^2}\ (\text{不计 }B\text{ 类不确定度})\ u_{(m-n)} = 0.2$$

2. 劈尖干涉

（1）测劈尖长度 L

次数	初始读数/mm	末态读数/mm	L/mm	$\overline{L}$/mm	$u_{\overline{L}}$/mm
1					
2					
3					
4					
5					

（2）测 $x=20$ 条条纹间距

次数	初始读数/mm	末态读数/mm	lx/mm	$\overline{lx}$/mm	$u_{\overline{lx}}$/mm
1					
2					
3					
4					
5					

其中

$$e = nL\frac{\lambda}{2} = \frac{20}{L_x}L\frac{\lambda}{2};\frac{u_e}{e} = \sqrt{\left(\frac{u_{\overline{L_x}}}{\overline{L_x}}\right)^2 + \left(\frac{u_{\overline{L}}}{\overline{L}}\right)^2}$$

n 为单位长度条纹数。

【思考题】

一、牛顿环的干涉条纹是由哪两束光干涉产生的?

二、试比较牛顿环和劈尖产生等厚干涉条纹的异同点。

三、在本实验中，如果所测的不是牛顿环的直径而是弦长，对实验结果是否有影响？为什么？

四、在本实验中，如果牛顿环的中心是亮斑而非暗斑对实验结果是否有影响？为什么？

五、劈尖实验中，如果改变待测薄纸片的位置，干涉条纹有何变化？为什么？

实验十　用衍射光栅测量单色光的波长

具有空间周期性结构的衍射屏统称为衍射光栅。最简单的一维光栅是由一系列平行、等距的狭缝组成。此外，还有由各种平面点阵或网格组成的二维光栅和由立体点阵(如晶格)组成的三维光栅。光栅的应用十分广泛，例如，利用光栅制成光栅光谱仪，其分辨率远大于棱镜光谱仪，并且衍射角与波长近似呈线性关系，易于用计算机进行处理。再有，X 光在晶体上的衍射方向与晶格常数有关，它是研究晶体结构的重要手段。利用 X 光衍射法揭示出

DNA 的螺旋结构，做出这一重大发现的物理学家和生物学家共同获得了 1962 年的诺贝尔生理和医学奖。

【实验目的】

一、进一步学习分光计的调节和使用方法；

二、测量衍射光栅的光栅常数，并用衍射光栅测量单色光的波长。

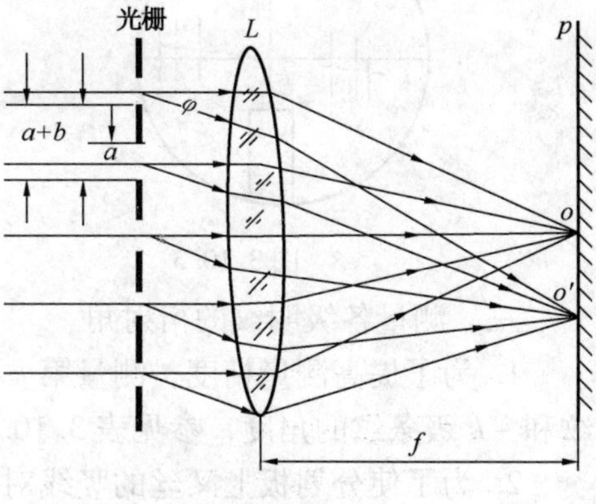

图 3.10.1

【实验原理】

根据夫琅和费衍射理论，当一束平行光垂直照射到光栅平面上时，通过狭缝的每束光发生衍射，各衍射光之间又发生干涉，故光栅衍射条纹是衍射和干涉的总效果。此时，若衍射角 φ 符合式(3.10.1)

$$(a+b)\sin\varphi = k\lambda \qquad k=0,\pm1,\pm2,\cdots\cdots \tag{3.10.1}$$

在该衍射角 φ 方向上，光将得到加强。式中 k 为衍射亮条纹的级数，λ 为入射光的波长，$d=a+b$ 称为光栅常数。用分光计测出第 k 级条纹的衍射角 φ，用测量显微镜测出光栅常数，由式(3.10.1)就可以算出入射光的波长。

【实验仪器】

分光计、光栅、平面镜、测量显微镜和钠光灯(钠黄光波长 $\lambda_0=589.3\text{nm}$)。

【实验内容】

一、仔细调节分光计

按照实验十一中分光计调整的描述调节好分光计。(一)望远镜适合于接收平行光(望远镜聚焦在无穷远处)；(二)平行光管出射平行光；(三)望远镜、平行光管的光轴与分光计中心轴垂直。

二、正确放置光栅

光栅如图 3.10.2 放置，光栅平面垂直于螺钉 1、螺钉 3 的连线(可先使载物台上的三条线分别与三个螺钉对齐，然后使光栅平面垂直于任意两条线端点的连线)。以光栅平面为反射面，调节螺钉 1 或螺钉 3，使反射的绿色十字像与分划板上方的叉丝交点重合。这样，光栅平面就垂直于望远镜的光轴。注意，此时不能再调节望远镜。

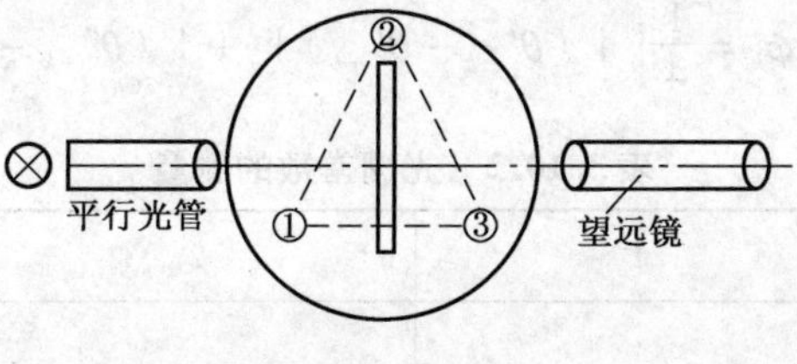

图 3.10.2

从望远镜中观察钠光灯的各级谱线，判断中央亮条纹两侧的谱线是否等高，若不等高，调节螺钉 2，可使两侧的谱线等高(图 3.10.3、图 3.10.4)。

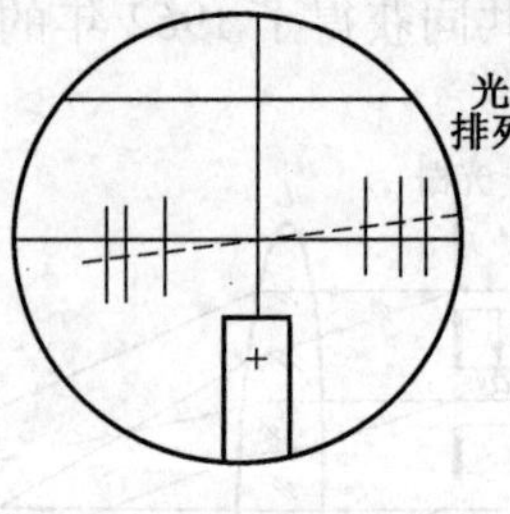

图 3. 10. 3

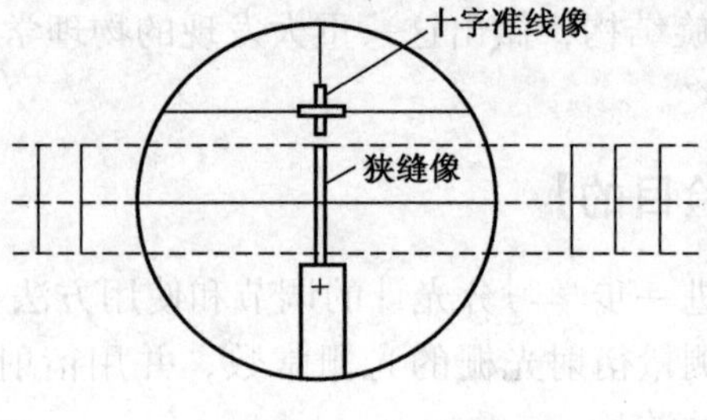

图 3. 10. 4

三、测量各级明纹的衍射角

1. 为了提高测量精度，测量第 k 级条纹时，应同时从左、右两个游标分别读出 $+k$ 级条纹和 $-k$ 级条纹的角度，参见表 3. 10. 1。

2. 为了使分划板上叉丝的竖线对准条纹中央，应使用望远镜的微调螺丝来对准。

四、测量光栅常数

1. 将光栅放在测量显微镜的载物台上，调节反光镜，使反射光正好进入显微镜筒。

2. 转动调焦旋钮，从下往上调节显微镜筒，直到清晰地看到光栅的狭缝像。

3. 转动鼓轮，使分划板上的叉丝对准某一条狭缝，记录其位置；连续数 10 条，记录最后一条狭缝的位置；一共测出三组，将所测数据列入表 3. 10. 2。注意，测量时只能沿着一个方向转动鼓轮。

【注意事项】

一、使用分光计时，要细心，以免损坏仪器；

二、光栅是精密光学仪器，严禁触摸表面，谨防摔坏。

【数据处理】

表 3. 10. 1　各级衍射条纹的衍射角

	$k=\pm1$		$k=\pm2$	
	-1	$+1$	-2	$+2$
θ'_k				
θ''_k				
φ_k				

第 k 级条纹的衍射角：$\varphi_k=\dfrac{1}{4}[\,|(\theta'_{-k}-\theta'_{+k})|+|(\theta''_{-k}-\theta''_{+k})|\,]$

表 3. 10. 2　光栅常数的测量

次　数	1	2	3
d_1			
d_2			
$\bar{d}=\dfrac{\lvert d_1-d_2\rvert}{10}$			

不确定度计算：

$$B = \frac{u_\lambda}{\overline{\lambda}} = \sqrt{\left(\frac{u_d}{\overline{d}}\right)^2 + \left(\frac{\cos \overline{\varphi}}{\sin \overline{\varphi}} \cdot u_\varphi\right)^2}$$

其中 $u_\varphi = 1'$，要换算成弧度代进上式

$$u_\lambda = B \cdot \overline{\lambda}$$

测量结果表示：$\lambda = \overline{\lambda} \pm u_\lambda$

【思考题】

一、调节光栅平面与望远镜光轴垂直时，若看到绿色十字像与分划板上方的叉丝交点不重合，能否用“各半调节”来达到目的?

二、在望远镜中观察到的谱线如果是斜的，应该怎样调节?

三、用式(3.10.1)测单色光的波长时，要保证实现怎样的实验条件? 如何做到?

四、当狭缝过宽或者过窄的时候，会出现什么现象? 对实验结果有何影响?

第四章　综合性实验和近代物理实验

实验十一　伏安法测电阻

【实验目的】

一、掌握伏安法测量电阻的原理。

二、掌握简单电路的设计方法；学会选择电表的量程；会根据待测电阻的大小选择电流表的内接或外接。

三、了解伏安法测量电阻的误差来源及修正方法。

四、学习电阻伏安特性曲线的测量方法和作图方法。

【实验原理】

一、用伏安法测电阻

根据欧姆定律，测出通过待测元件的电流 I 和该元件两端的电压 U 即可求出元件的电阻 R，即 $R=U/I$，这种方法称为伏安法。测量中直流安培表串联在电路中，直流伏特表并联在待测元件两端(见图 4.11.1)。由于直流电表实际存在内阻，故电表的接入会引入测量误差。根据测量要求可采用安培表内接法[图 4.11.1(a)]或安培表外接法[图 4.11.1(b)]。

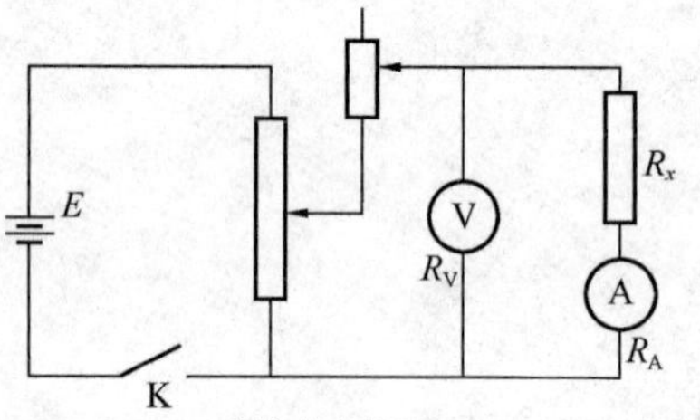

(a) 安培表内接法

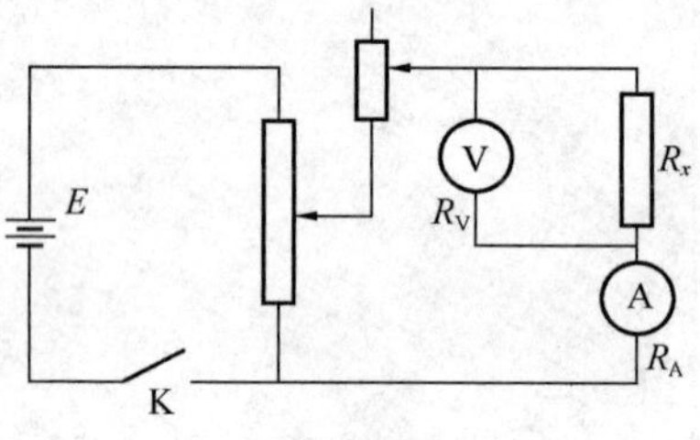

(b) 安培表外接法

图 4.11.1

1. 安培表内接。如图 4.11.1(a)所示的电路，安培表测出的 I 是通过待测电阻 R_x 电流 I_x，但伏特表测出的 U 就不只是待测电阻 R_x 两端的电压 U_x，而是 R_x 与安培表两端的电压之和，即 $U=U_x+U_A$，若待测电阻的测量值为 R，则有

$$R=\frac{U}{I}=\frac{U_x+U_A}{I}=R_x+R_A=R_x\left(1+\frac{R_A}{R_x}\right) \tag{4.11.1}$$

由此可知，这种电路测得的电阻值 R 要比实际值大。式(4.11.1)中的 R_A/R_x 是由于安培表内接导致的接入误差(系统误差)。如果安培表的内阻已知，可以根据下式进行修正

$$R_x=\frac{U-U_A}{I}=R-R_A=R\left(1-\frac{R_A}{R}\right) \tag{4.11.2}$$

当 $R_x \gg R_A$ 时，相对误差 R_A/R_x 很小。所以，当安培表的内阻小，而待测电阻大时，使用安培表内接电路较合适。

2. 安培表外接。如图 4.11.1(b)所示的电路，伏特表测出的电压 U 是待测电阻 R_x 两端的电压 U_x，但安培表测出的电流 I 是流过 R_x 的电流 I_x 和流过伏特表的电流 I_V 之和，即 $I = I_x + I_V$。若待测电阻的测量值为 R，则有

$$R = \frac{U}{I} = \frac{U_x}{I_x + I_V} = \frac{U_x}{I_x\left(1 + \frac{I_V}{I_x}\right)} = \frac{R_x}{1 + \frac{R_x}{R_V}} \approx R_x\left(1 - \frac{R_x}{R_V}\right) \tag{4.11.3}$$

注：级数公式 $\frac{1}{1+x} = 1 - x + x^2 + \cdots(-1 < x < 1)$

由上式可知，外接电路测得的电阻值 R 要比实际值 R_x 小。式(4.11.3)中的 R_x/R_V 是由于安培表外接带来的接入误差(系统误差)。若伏特表的内阻 R_V 已知，则可根据式 4.11.4 修正

$$R_x = \frac{U}{I - I_V} = \frac{V}{I\left(1 - \frac{I_V}{I}\right)} = \frac{R}{1 - \frac{R}{R_V}} \tag{4.11.4}$$

当 $R_V \gg R_x$ 时，相对误差 R_x/R_V 很小。所以，当伏特表的内阻大，而待测电阻小时，使用安培表外接较合适。

由以上分析可知用伏安法测电阻时，由于安培表和伏特表都有一定的内阻，将它们接入电路后，就存在着接入误差(系统误差)，所以测得的电阻值不是偏大就是偏小，两个相比较，当 $R_A \ll R_x$ 时，采用安培表内接电路有利；当 $R_V \gg R_x$ 时，采用安培表外接电路有利。一般情况，应当根据式(4.11.2)或式(4.11.4)进行修正，求得待测电阻 R_x。

应说明的是，待测电阻的阻值大小是相对于所用仪表的内阻来说的。量程大的安培计内阻小，量程小的内阻大；量程大的伏特计内阻大，量程小的内阻小。但量程大的电表每小格表示的安培数或伏特数较大，对于很小的电流和电压不容易读出较准确的值来。

除电表内阻对测量结果的影响外，电表不同级别的准确度对电阻测量也会带来误差。电表准确度级别和测量误差的知识见附录。

二、线性电阻和非线性电阻的伏安特性曲线

当加在电阻两端的电压改变时，流过电阻的电流也相应改变。以电压 U 为纵坐标，以电流 I 为横坐标，把 U 和 I 的关系曲线画在坐标纸上，称为伏安特性曲线。

若一个电阻元件两端的电压与通过的电流成正比，则以电压为横轴，以电流为纵轴所得到的图像是一条通过坐标原点的直线，如图 4.11.2(a)所示，这种电阻称为线性电阻。

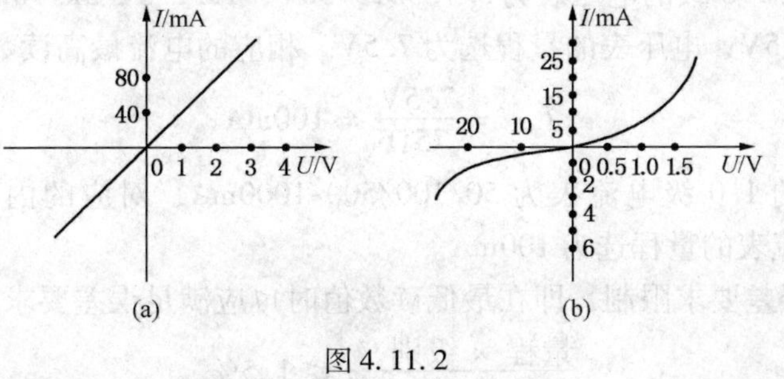

图 4.11.2

若电阻元件两端的电压和流过的电流成非线性变化关系，则根据实验数据所描绘的 $I-U$ 图线为非直线，这种电阻称为非线性电阻。灯丝的伏安特性就属于这种非线性情况，如图

4.11.2(b)所示。

当伏安特性为曲线时，曲线上任一点 C 点的直流电阻为直线 OC 的斜率

$$R = \frac{U_c}{I_c}$$

而 C 点的动态交流电阻为 C 点处切线 AB 的斜率

$$R = \left.\frac{\mathrm{d}U}{\mathrm{d}I}\right|_{\substack{I = I_c \\ U = U_c}}$$

【例题】 用伏安法测某电阻 R_x(其标称值为75Ω，1W)，要求测量结果误差 $\frac{\Delta R_x}{R_x} \leqslant 3\%$，应如何选择电表准确度和确定测量条件？对电表内阻的影响如何修正？

解：确定电表级别、测量电路和测试条件。

1. 确定电表级别

我们已经知道，无论内接法还是外接法，都会产生系统误差，但在电压表和电流表内阻已知时，都能对测量结果进行修正而求得被测电阻的准确值，故在选择电表准确度和确定测量条件时，要求偶然误差 ≤ 3% 即可。

由欧姆定律知：

$$R_x = \frac{U}{I}$$

所以，$\frac{\Delta R_x}{R_x} = \frac{\Delta U}{U} + \frac{\Delta I}{I} \leqslant 3\%$

根据误差等作用原理，要求 $\frac{\Delta U}{U} \leqslant 1.5\%$ 及 $\frac{\Delta I}{I} \leqslant 1.5\%$，参照电表准确度级别的规定，显然，电表的级别应选择1.0级。

2. 测量条件的确定(含仪表量程的确定)

仪器准确度给定后，测量误差还可随测量值的大小而变化。故在确定仪器等级后，还应给出各测量条件，即在满足误差要求和安全实验的条件下，给出各直接测量值所能取的上、下限，定出仪器所使用的量程。

上限：一般受测量对象和其他给定条件的限制，如待测电阻的标称值为75Ω、1W，则额定电压为

$$U = \sqrt{NR} = \sqrt{1 \times 75} = 8.66\text{V}$$

而实验室给出的1.0级的电压表为3/7.5/15/30V，1k/2.5k/5k/10kΩ，因此，电压的最高读数选为 $U_{max} = 7.5\text{V}$，电压表的量程选为7.5V。相应的电流最高读数为

$$I_{max} = \frac{7.5\text{V}}{75\Omega} = 100\text{mA}$$

而实验室给出的1.0级电流表为50/100/500/1000mA，对应的内阻 R_A 为2.94/1.48/0.30/0.15Ω，故电流表的量程选为100mA。

下限：一般受误差要求限制，即在最低读数值时也应满足误差要求：

$$\frac{量程 \times 级别\%}{U_{min}} \leqslant 1.5\%$$

则 $$U_{min} \geqslant \frac{量程 \times 级别\%}{1.5\%} = \frac{7.5 \times 1\%}{1.5\%} = 5.0\text{V}$$

$$I_{min} \geqslant \frac{100 \times 1\%}{1.5\%} = 66.6\text{mA}$$

就是说，对上述给定的被测 R_x，应选用1.0级的电压表和毫安表，量程分别为7.5V和100mA，测量时两电表的读数分别在5.0～7.5V和66.6～100mA范围内，才能保证测量的误差要求。

3. 对电表内阻的影响加以修正

已知选用电压表量程为7.5V时，内阻 $R_V = 2.5\text{k}\Omega$，毫安表量程为100mA时，内阻 $R_A = 1.48\Omega$，则可对内接法及外接法电路的系统误差做出估计：

内接：
$$B = \frac{R_A}{R_x} = \frac{1.48}{75} = 2\%$$

外接：
$$B = \frac{R_x}{R_x + R_V} = \frac{75}{75 + 2500} = 2.9\%$$

电表内阻对测量结果的影响，外接法时达到2.9%，而内接法时为2%，显然此情况适合采用内接法。为了得到较准确的测量结果，我们用式(4.11.2)修正电表内阻对测量结果带来的系统误差后，作为 R_x 的测量值。

综上分析，为测量未知电阻 R_x，设计方案应为：

(1)电路采用内接法电路，为便于控制测量中的电压与电流，还配以限流器和分压器的电路，如图4.11.1(a)所示。

(2)电流表选择：1.0级，量程100mA，测量时使电流在66.6～100mA内，且靠近100mA为宜。

(3)电压表选择：1.0级，量程7.5V，测量时应使 R_x 两端电压在5.0～7.5V内，且靠近7.5V为宜。

(4)对电表内阻影响的修正：按式(4.11.2)修正系统误差。

(5)误差估计：由 $R_x = \frac{U}{I}$ 得

$$\frac{\Delta R_x}{R_x} = \frac{\Delta U}{U} + \frac{\Delta I}{I}$$

$$\Delta R_x = \left(\frac{\Delta U}{U} + \frac{\Delta I}{I}\right) R_x$$

式中的 R_x 用修正系统误差后的值，即 $R_x = \frac{U}{I} - R_A$ 表示。

【实验仪器】

待测电阻：R_{x1}(标称值200Ω，1W)；R_{x2}(标称值24Ω，1W)；小灯泡(6V，0.25W)

电压表：1.0级；3/7.5/15/30(V)；其内阻为1k/2.5k/5k/10k(Ω)；

毫安表：1.0级；50/100/500/1000(mA)；其内阻为2.94/1.48/0.30/0.15(Ω)；

直流电源，滑线电阻，单刀开关，二极管，导线等。

【实验内容】

一、测量线性电阻

用伏安法测电阻 R_{x1} 和 R_{x2}，测量误差不超过3%。要求自行设计实验方案。

具体内容包括：

1. 画出电路图(包括分压器和限流器)并确定电表的级别、量程和接法(内接还是外接)；

2. 选择修正公式进行修正，最后求出待测电阻 R_x；

3. 正确地表达测量结果，记录于表4.11.1、表4.11.2。

待测电阻：R_{x1}(标称值200Ω，1W)；

电压表量程：　　　　　　毫安表接法：　　　　　　毫安表量程：

表4.11.1

次数 / 项目	1	2	3	4	5	6
U/V	5.00	5.50	6.00	6.50	7.00	7.50
I/mA						
R'_x/Ω						
R_x/Ω						
$\Delta R_x/\Omega$						
$B=\frac{\Delta R_x}{R_x}/\%$						

待测电阻：R_{x2}(标称值24Ω，1W)；

电压表量程：　　　　　　毫安表接法：　　　　　　毫安表量程：

表4.11.2

次数 / 项目	1	2	3	4	5	6	7
U/V							
I/mA	70	75	80	85	90	95	100
R'_x/Ω							
R_x/Ω							
$\Delta R_x/\Omega$							
$B=\frac{\Delta R_x}{R_x}/\%$							

二、测量小灯泡的伏安特性

测量小灯泡的伏安特性曲线，注意电流不能超过被测元件的最大允许电流，根据实验所得的数据作出小灯泡的伏安特性曲线。

测量小灯泡(6V，0.1A)的伏安特性，数据记录于表4.11.3。

电压表量程：　　　　　　毫安表接法：　　　　　　毫安表量程：

表4.11.3

U/V	0.1	0.2	0.3	0.5	1.0	1.5	2.0	2.5	3.0	3.5	4.0	4.5
I'/mA												
I/mA												

【注意事项】

实验本身与所用仪器虽然并不复杂，但要得到较好的数据，还必须注意以下事项：

一、线路的连接一定要正确，先接电路，经检查无误后，方可接通直流电源。

二、使用电流表、电压表时应选择正确的量程。

三、线路接好后开关稍碰一下，看电流、电压表指示是否过大，如是则调节分流器、分压器至示数正常为止。反之则可合上开关继续实验。

【思考题】

一、在安培表外接，$R_V \gg R_x$ 时，相对误差为 R_x/R_V，试推导这一结果。

二、本实验设计实验条件的方法和思想能否用于其他实验中？

三、如果本实验精度要求提高到$\frac{\Delta R}{R} \leqslant 1\%$，应怎样做才能达到这一要求？

四、试比较测量电阻的各种方法(伏安法、欧姆表法、电桥法)的优缺点。

实验十二　弯梁法测定杨氏模量

【实验目的】

一、学习用弯曲法测量金属的杨氏模量。

二、了解和使用霍尔位置传感器及学习传感器定标方法。

三、了解梁的弯曲规律。

【实验仪器】

霍尔位置传感器测杨氏模量装置(包括读数显微镜，95A 型集成霍尔传感器等)，如图 4.12.1，霍尔位置传感器输出信号测量仪。

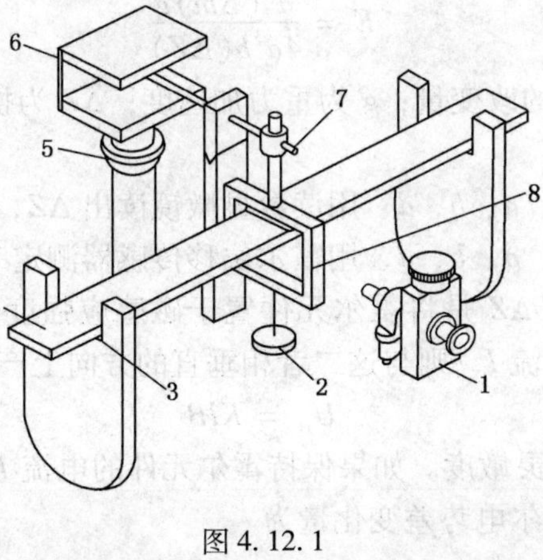

图 4.12.1

1—读数显微镜；2—砝码；3—刀口；4—横梁；5—调节架；6—磁铁(两块)；
7—铜杠杆(杠杆顶端贴有 95A 型集成霍尔传感器)；8—铜刀口上刻度线

【实验原理】

杨氏模量的定义：任何固体在外力作用下都要发生形变，当外力撤出后物体能够完全恢复原状的形变称为弹性形变。如果加在物体上的外力过大，以致外力撤出后物体不能完全恢复原状的形变，称为塑性形变。

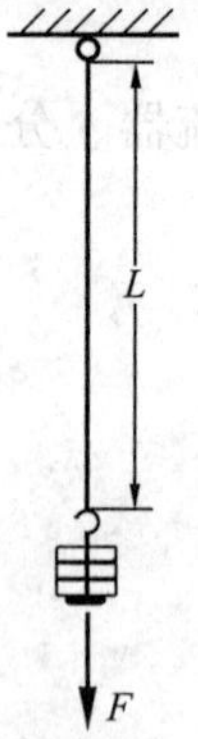

图 4.12.2

图 4.12.2 中设钢丝截面积为 S，长为 L。沿外力方向施以外力 F 使钢丝伸长 $\triangle L$，则比值 F/S 是单位面积上的作用力，称为应力。比值 $\triangle L/L$ 是钢丝的相对伸长量，称为应变。根据虎克定律，在弹性限度内应力与应变成正比，即

$$\frac{F}{S} = E\frac{\Delta L}{L} \tag{4.12.1}$$

式中比例系数 E 的大小，只取决于材料本身的性质，与外力 F、物体原长 L 及截面积 S 的大小无关，E 的数值是通过实验测定的，称为杨氏模量。在材料工程中，它是一个重要物理量，单位为帕斯卡，符号是 Pa。其值表征材料抵抗变形的能力。

弯梁法测定杨氏模量：厚度为 a、宽度为 b 的规则矩形梁，两端自由地放在一对相距为 d 的平行水平刀口上，梁中点悬挂一重物，重力为 mg，图 4.12.3 所示。在梁的弹性限度内，梁中点的挠度为 Z，如不计梁本身所受重力，当 $Z \ll d$ 时

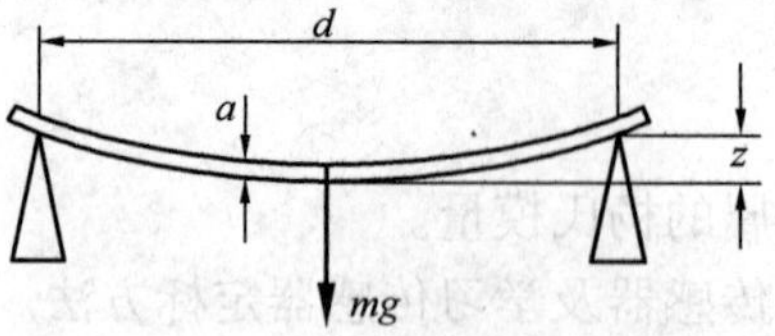

图 4.12.3

$$E = \frac{d^3 mg}{4a^3 bZ} \tag{4.12.2}$$

实验中多用式(4.12.3)计算 E，

$$E = \frac{d^3(\Delta m)g}{4a^3 b(\Delta Z)} \tag{4.12.3}$$

式中，Δm 为重物质量的改变量；g 为重力加速度；ΔZ 为挠度的改变量。本次实验用两种方法测定杨氏模量 E。

第一种方法：测定 Δm、a、b、d、用读数显微镜读出 ΔZ，计算黄铜的 E。

第二种方法：测定 Δm、a、b、d、用霍尔位移传感器测定 ΔZ，计算铸铁的 E。

用霍尔位移传感器测定 ΔZ 是将霍尔元件置于磁感应强度为 B 的磁场中，如图 4.12.4 在垂直于磁场的方向通以电流 I，则与这二者相垂直的方向上产生的霍尔电势差 U_H 为

$$U_H = KIB \tag{4.12.4}$$

式中，K 为元件的霍尔灵敏度。如果保持霍尔元件的电流 I 不变，使其在一个均匀梯度的磁场中移动，则输出的霍尔电势差变化量为

$$\Delta U_H = KI\frac{dB}{dZ}\Delta Z \tag{4.12.5}$$

式中，ΔZ 为位移改变量，此式说明若 $\frac{dB}{dZ}$ 为常数时，ΔU_H 与 ΔZ 成正比。

为实现均匀梯度的磁场，可如图 4.12.4 所示选用两块相同的磁铁(磁铁截面积及表面磁感应强度相同)，磁铁相对而放，即 N 极与 N 极相对放置，两磁铁之间留一等间距间隙，霍尔元件平行于磁铁放在该间隙的中轴上。间隙大小要根据测量范围和测量灵敏度要求而定，间隙越小，磁场梯度就越大，灵敏度就越高。磁铁截面要远大于霍尔元件，以尽可能地减小边缘效应的影响，提高测量准确度。

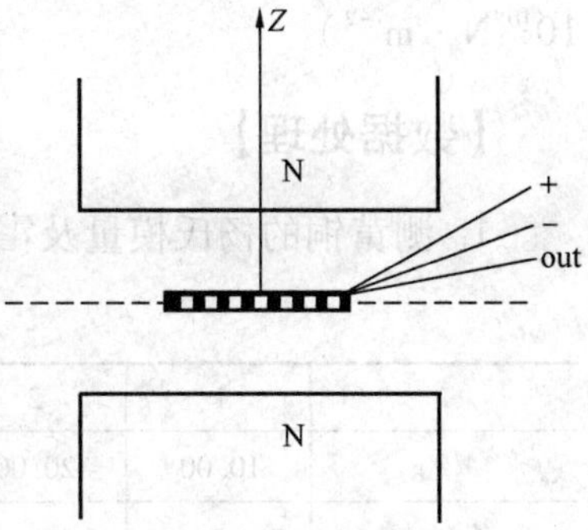

图 4.12.4

若磁铁间隙内中心截面 A 处的磁感应强度为零，霍尔元件处于该处时，输出的霍尔电势差应为零。当霍尔元件偏离中心沿 Z 方向移动时，由于磁感应强度不再为零，霍尔元件也就产生相应的电势差输出，其大小可由数字电压表测量。由此可以将霍尔电势差为零时元件所处的位置作为位移参考零点。

霍尔电势差与位移量之间存在一一对应关系，当位移量较小(<2mm)时，这一对应关系具有良好的线性关系。

【实验内容】

一、测量黄铜试样的杨氏模量并为霍尔位置传感器的定标。

1. 调节杠杆左右前后位置，使集成霍尔位置传感器探测元件处于磁铁中间位置。

2. 用水准器观察磁铁是否在水平位置，偏离时可用底座螺丝调节到水平位置。

3. 调节位移参考零点。调节调节架立柱上可上下调节的固定螺丝，使磁铁上下移动，当毫伏表读数为零或读数值很小，停止调节固定螺丝，最后调节补偿电压电位器使毫伏表读数为零。

4. 调节读数显微镜目镜，使眼睛观察十字线、分划板刻度线清晰。然后前后移动读数显微镜，使能清晰看到铜刀口架上的基线。转动读数显微镜的鼓轮使刀口架的基线与读数显微镜内十字刻度线吻合，记下初始读数值。

5. 逐次增加砝码 M_i(每次增加 10g 砝码)，从读数显微镜上读出金属棒的挠度(弯曲位移)Z 及数字电压表相应的读数值 U_i(单位 mV)，以便于计算黄铜试样杨氏模量和对霍尔位置传感器进行定标。

6. 测量金属棒两刀口间的长度 d 及不同位置金属量宽度 b 和金属量厚度 a。

7. 用逐差法按公式(3)进行计算，求得黄铜材料的杨氏模量。并用最小二乘法求出霍尔位置传感器的灵敏度 $K = kI\dfrac{\mathrm{d}B}{\mathrm{d}Z} = \dfrac{\Delta U}{\Delta Z}$。

8. 把测量结果与公认值进行比较。黄铜的杨氏模量公认的标准值为 $E_0 = 10.55\times10^{10}\mathrm{N\cdot m^{-2}}$

二、用霍尔位置传感器测量铸铁的杨氏模量。

1. 逐次增加砝码，相应读出数字电压表的数值。由霍尔传感器的灵敏度 K，计算出下降的距离 $\Delta Z = \dfrac{\Delta U}{K}$。

2. 测量不同位置的金属棒宽度 b 和金属棒厚度 a 以及 d，用逐差法按式(4.12.3)计算可锻铸铁的杨氏模量。

3. 把测量结果与公认值进行比较。(铸铁的杨氏模量公认的标准值为 $E_0 = 18.15\times$

10^{10} N · m^{-2})

【数据处理】

1. 测黄铜的杨氏模量及霍尔位移传感器的灵敏度(表 4.12.1 ~ 表 4.12.3)

表 4.12.1

i	1	2	3	4	5	6	7	8
M_i/g	10.00	20.00	30.00	40.00	50.00	60.00	70.00	80.00
Z_i/mm								
U_i/mV								
$(Z_{i+4}-Z_i)$ /mm					平均值	$U_{\overline{\Delta Z}}$		

$$\Delta M = M_{i+4} - M_i = 40.00\text{g}$$
$$\overline{\Delta Z} = \overline{Z_{i+4} - Z_i} =$$

黄铜梁 a 的测量

表 4.12.2

i	1	2	3	4	5	平均值	$u_{\bar{a}}$
a/mm							

黄铜梁 b 的测量

表 4.12.3

i	1	2	3	4	5	平均值	$u_{\bar{b}}$
b/mm							

黄铜梁的使用长度 $d=$ mm　　$\Delta d = 0.5$mm(实验室给出)

$$\bar{E}_{黄铜} = \frac{d^3(\Delta m)g}{4a^3 b\,\overline{\Delta Z}} = \qquad \sigma_{\bar{E}} = \sqrt{\left(\frac{3u_{\bar{d}}}{\bar{d}}\right)^2 + \left(\frac{3u_{\bar{a}}}{\bar{a}}\right)^2 + \left(\frac{u_{\bar{b}}}{\bar{b}}\right)^2 + \left(\frac{u_{\overline{\Delta Z}}}{\overline{\Delta Z}}\right)^2} =$$

$E = \bar{E}_{黄铜} \pm u_{\bar{E}} =$

2. 测量铸铁的杨氏模量(表 4.12.4 ~ 表 4.12.6)

对表 4.12.1 的 $Z_i \sim U_i$ 进行最小二乘法拟合，求出斜率 B，$K = B = \Delta U/\Delta Z$

即：$\Delta Z = \Delta U/K$

表 4.12.4

i	1	2	3	4	5	6	7	8
M_i/g	10.00	20.00	30.00	40.00	50.00	60.00	70.00	80.00
U_i/mV								
$(U_{i+4}-U_i)$/ mV					平均值			

$$\triangle M = M_{i+4} - M_i = 40.00\text{g}$$

$$\overline{\Delta U} = \overline{U_{i+4} - U_i} = \qquad \overline{\Delta Z} = \frac{\overline{\Delta U}}{K} =$$

可锻铸铁 a 的测量

表 4.12.5

i	1	2	3	4	5	平均值
a/mm						

可锻铸铁 b 的测量

表 4.12.6

i	1	2	3	4	5	平均值
b/mm						

可锻铸铁的使用长度 $d =$ mm $\Delta d = 0.5\text{mm}$（实验室给出）

$$\bar{E}_{铸铁} = \frac{d^3(\Delta m)g}{4a^3 b\,\Delta Z} =$$

【注意事项】

一、用千分尺测量待测试样厚度必须取不同位置多点测量取平均。测量黄铜试样时，因黄铜比钢软，旋紧千分尺时，用力要适当，不宜过猛。

二、用读数显微镜测量砝码的刀口架基线位置时，刀口架不能晃动。

【思考题】

一、弯曲法测杨氏模量实验，主要测量误差有哪些？请估计各影响量的不确定度。

二、用霍尔位置传感器法测微位移有什么优点？

三、测量之前，先挂 20g 砝码，对以后测量 E 有无影响？

四、在实验中，同是测量长度，为什么选用钢板尺、卡尺、千分尺三种不同的仪器？

五、被测试样放在两刀口上未能对称，如左端比右端要长些，将对测量带来怎样的影响？挂砝码的刀口架未放置在被测样品的中心点或刀口架向一侧倾斜，又将会对测量带来什么影响？

六、测试样的厚度 a 时，其值约为 0.950mm 左右，为什么有人测出 1.450mm？试分析错误原因。

【附录】

详细推导式子：
$$E = \frac{d^3 \cdot m \cdot g}{4a^3 \cdot b \cdot Z};$$

在横梁发生微小弯曲时，梁中存在一个中性面，面上部分发生压缩，面下部分发生拉伸，所以整体说来，可以理解横梁发生长变，即可以用杨氏模量来描写材料的性质。

如图 4.12.5 所示，虚线表示弯曲梁的中性面，易知其既不拉伸也不压缩，取弯曲梁长为 dx 的一小段：

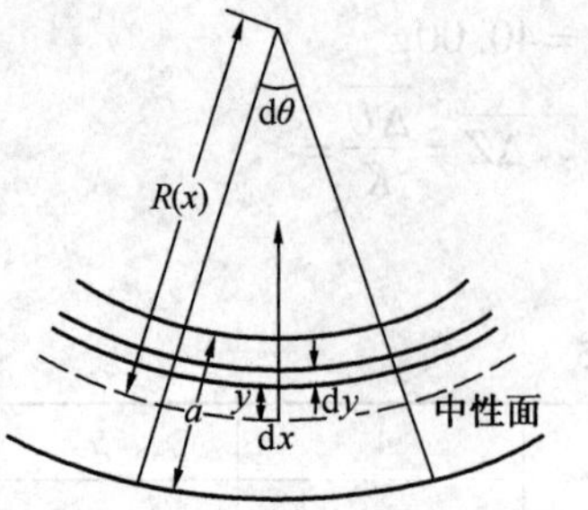

图 4.12.5

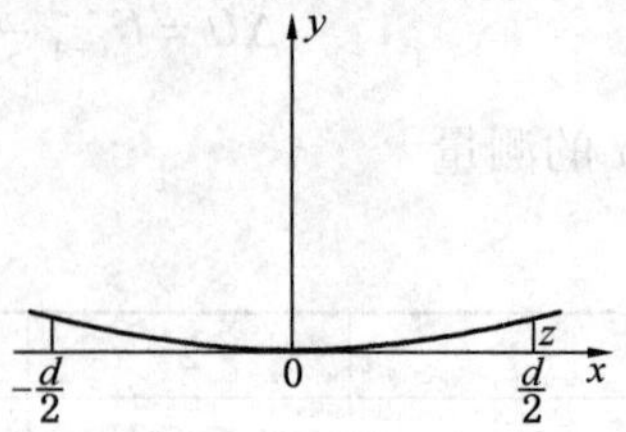

图 4.12.6

设其曲率半径为 $R(x)$，所对应的张角为 $d\theta$，再取中性面上部距为 y 厚为 dy 的一层面为研究对象，那么，梁弯曲后其长变为 $[R(x)-y]\cdot d\theta$，所以，变化量为：

$$[R(x)-y]\cdot d\theta - dx$$

又

$$d\theta = \frac{dx}{R(x)};$$

所以 $$[R(x)-y]\cdot d\theta - dx = [R(x)-y]\frac{dx}{R(x)} - dx = -\frac{y}{R(x)}dx;$$

所以应变为： $$\varepsilon = -\frac{y}{R(x)};$$

根据虎克定律有： $$\frac{dF}{dS} = -E\frac{y}{R(x)};$$

又 $$dS = b\cdot dy;$$

所以 $$dF(x) = -\frac{E\cdot b\cdot y}{R(x)}dy;$$

对中性面的转矩为： $$d\mu(x) = |dF|\cdot y = \frac{E\cdot b}{R(x)}y^2\cdot dy;$$

积分得： $$\mu(x) = \int_{-\frac{a}{2}}^{\frac{a}{2}}\frac{E\cdot b}{R(x)}y^2\cdot dy = \frac{E\cdot b\cdot a^3}{12\cdot R(x)}; \qquad (4.12.6)$$

对梁上各点，有：$\frac{1}{R(x)} = \frac{y''(x)}{[1+y'(x)^2]^{\frac{3}{2}}}$；此处 $y(x)$ 对应图 4.12.6。

因梁的弯曲微小： $y'(x)=0$；

所以有： $$R(x) = \frac{1}{y''(x)}; \qquad (4.12.7)$$

梁平衡时，梁在 x 处的转矩应与梁右端支撑力 $\frac{mg}{2}$ 对 x 处的力矩平衡。

所以有： $$\mu(x) = \frac{mg}{2}\left(\frac{d}{2}-x\right); \qquad (4.12.8)$$

根据式(4.12.6)、式(4.12.7)、式(4.12.8)可以得到

$$y''(x) = \frac{6mg}{E\cdot b\cdot a^3}\left(\frac{d}{2}-x\right);$$

据所讨论问题的性质有边界条件 $y(0)=0$；$y'(0)=0$；

解上面的微分方程得到

$$y(x) = \frac{3mg}{E\cdot b\cdot a^3}\left(\frac{d}{2}x^2 - \frac{1}{3}x^3\right);$$

将 $x = \frac{d}{2}$ 代入上式，得右端点的 y 值：

$$y = \frac{mg \cdot d^3}{4E \cdot b \cdot a^3};$$

又 $$y = Z;$$

所以，杨氏模量为： $$E = \frac{d^3 \cdot mg}{4a^3 \cdot b \cdot Z}$$

上面式子的推导过程中用到微积分及微分方程的部分知识，希望同学们在实验之前对物理概念有一个明晰的认识。

最小二乘法处理数据

$$y = A + B \cdot X \qquad B = \frac{\overline{xy} - \bar{x} \cdot \bar{y}}{\overline{x^2} - \bar{x}^2}$$

$$U_i = A + B \cdot Z_i \qquad B = \frac{\overline{Z_i \cdot U_i} - \overline{Z_i} \cdot \overline{U_i}}{\overline{Z_i^2} - \overline{Z_i}^2}$$

Z_i/mm	U_i/mV	$U_i \cdot Z_i$	Z_i^2
$\overline{Z_i} =$	$\overline{U_i} =$	$\overline{Z_i \cdot U_i} =$	$\overline{Z_i^2} =$
$\overline{Z_i}^2 =$	$\overline{Z_i} \cdot \overline{U_i} =$		

$K = B = \frac{\overline{Z_i \cdot U_i} - \overline{Z_i} \cdot \overline{U_i}}{\overline{Z_i^2} - \overline{Z_i}^2} =$ (mV/mm) $\qquad r =$

$\overline{\Delta Z} = \frac{\Delta U}{K} =$ $\qquad \overline{E}_{铸铁} = \frac{d^3 \cdot (\Delta m) \cdot g}{4 \cdot a^3 \cdot b \cdot \overline{\Delta Z}} =$ $(\mathrm{N/m^2})$

实验十三　RLC 电路稳态特性的研究

【实验目的】

一、用实验方法研究 RC 和 RLC 串联交流电路的幅频特性和相频特性。

二、掌握用示波器测量两交流信号位相差的方法。

【实验仪器】

双踪示波器，数字万用表，信号发生器，标准电容箱，标准电感箱，电阻箱。

【实验原理】

当一正弦交流电压加在由电阻、电感、电容组成的串联电路上时，电路中各元件上的电压将随电源频率的改变而改变，电路上的电压和电流的位相差也随电源频率的变化而变化。前者称为电路的幅频特性，后者称为电路的相频特性。

一、RC 串联电路

如图 4.13.1 所示。

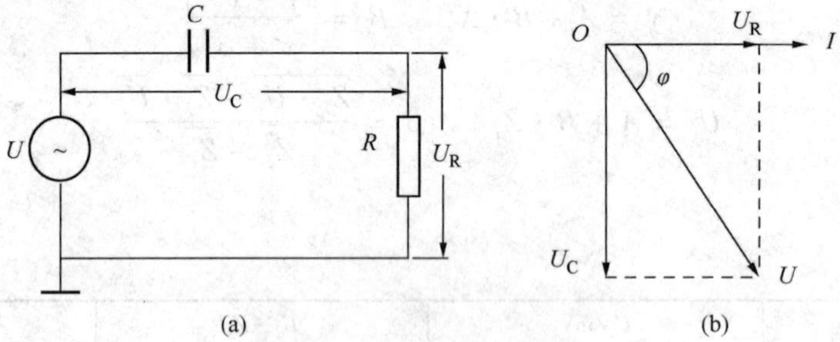

图 4.13.1 RC 串联电路

用 ω 表示电源的圆频率，用 U、I、U_R、U_C 分别表示电源电压、电路中流过的电流、R 上的电压和 C 上的电压这四个量的有效值，则：

$$I = \frac{U}{\sqrt{R^2 + \left(\frac{1}{\omega C}\right)^2}} \qquad (4.13.1)$$

$$U_R = IR \qquad (4.13.2)$$

$$U_C = \frac{I}{\omega C} \qquad (4.13.3)$$

$$\varphi = -\operatorname{arctg}\left(\frac{1}{\omega CR}\right) \qquad (4.13.4)$$

φ 表示电流和电源电压间的位相差(φ 为负，表示电源电压相位落后于电流相位)。

从式(4.13.1)~式(4.13.3)可知，当电源的频率增加时，电流的幅值和 R 上的电压幅值均增加，而 C 上的电压幅值则减小。U_R、U_C 幅度随电源频率的变化特性如图 4.13.2 所示。利用 RC 电路这些特性可以构成各种滤波器。再考察一下式(4.13.4)表示的相频特性。

当频率很低时，φ 接近 $-\pi/2$；当频率很高时，φ 接近 0。即电流和电压同相位，相频特性曲线如图 4.13.3 所示。

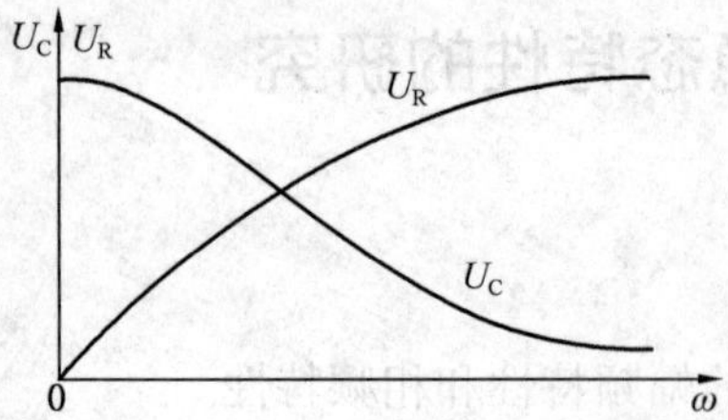

图 4.13.2 U_C，$U_R-\omega$(幅频)曲线

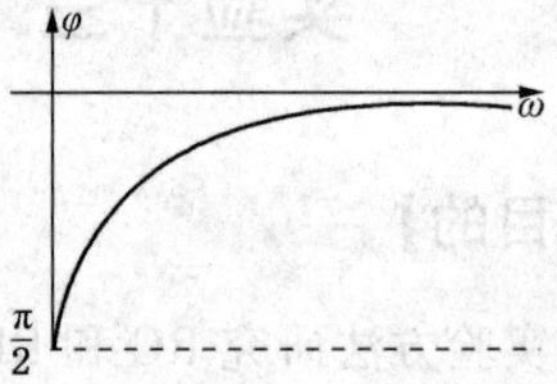

图 4.13.3 $\varphi-\omega$(相频)曲线

二、RL 串联电路

如图 4. 13. 4 所示。

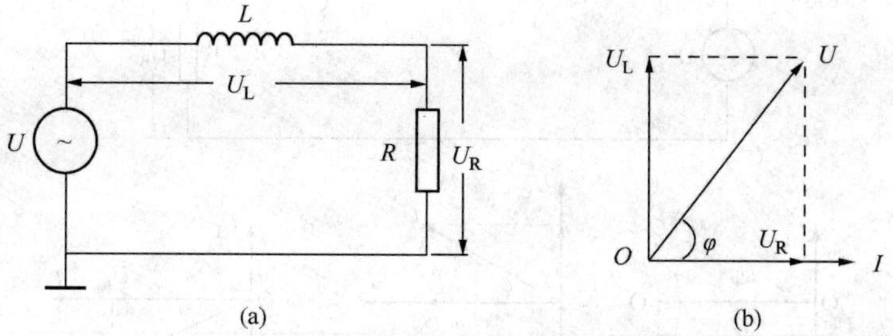

图 4. 13. 4　RL 串联电路

用 ω 表示电源的圆频率，用 U、I、U_R、U_L分别表示电源电压、电路中流过的电流、R 上的电压和 L 上的电压这四个量的有效值，则：

$$I = \frac{U}{\sqrt{R^2 + (\omega L)^2}} \tag{4.13.5}$$

$$U_R = IR \tag{4.13.6}$$

$$U_L = I\omega L \tag{4.13.7}$$

$$\varphi = \mathrm{arctg}\left(\frac{\omega L}{R}\right) \tag{4.13.8}$$

φ 表示电流和电源电压间的位相差(φ 为正，表示电源电压相位超前于电流相位)。

RL 电路的幅频特性正好跟 RC 电路相反。当 ω 增加时，I 和 U_R 均减小，而 U_L 则增大。利用这样的特性同样可构成各种滤波器。RL 电路的幅频特性和相频特性如图 4. 13. 5 所示。当 ω 低时，φ 接近零；当 ω 高时，φ 接近$\frac{\pi}{2}$。

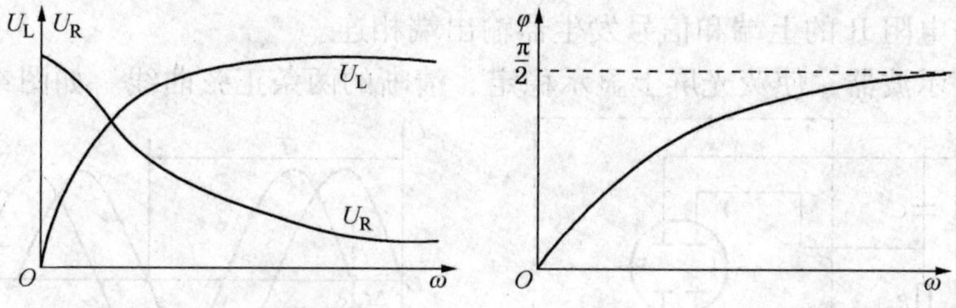

图 4. 13. 5

三、RLC 串联电路

如图 4. 13. 6 所示，φ 表示电流和电源电压间的位相差。

$$\mathrm{tg}\varphi = \frac{\omega L - \frac{1}{\omega C}}{R} \tag{4.13.9}$$

当 $\omega L = \frac{1}{\omega C}$时，$\varphi = 0$，电流与电源电压的位相一致，电路达到谐振，相应的圆频率表示用 ω_0 表示。

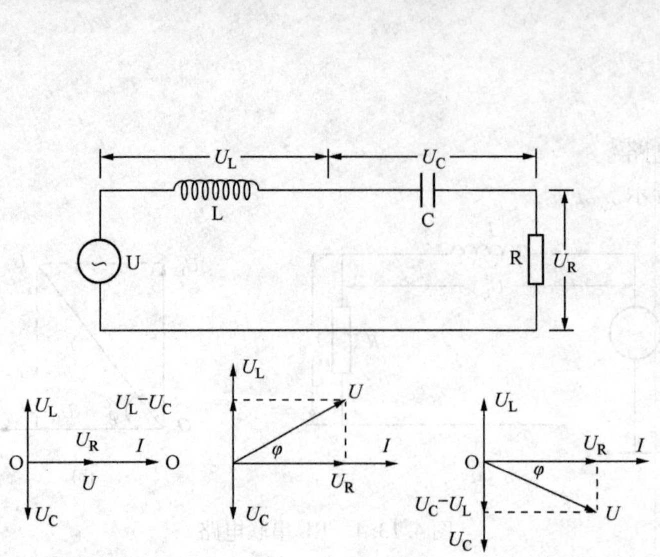

图 4.13.6　RLC 串联电路

$$\omega_0 = \frac{1}{\sqrt{LC}} \tag{4.13.10}$$

当 $\omega L > \frac{1}{\omega C}$ 时，$\varphi > 0$，电流的位相落后于电源电压的位相，整个电路呈电感性。随着 ω 的增大，φ 趋近 $\frac{\pi}{2}$。

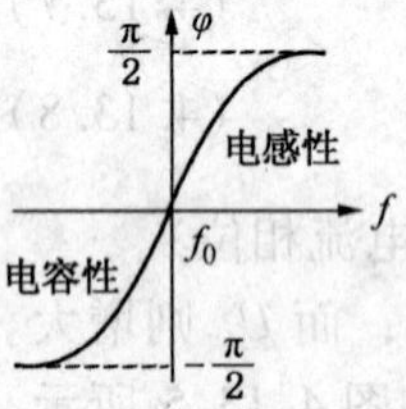

图 4.13.7

当 $\omega L < \frac{1}{\omega C}$ 时，$\varphi < 0$ 电流的位相超前于电源电压的位相，整个电路呈电容性。随着 ω 的减小，φ 趋近 $-\frac{\pi}{2}$。如图 4.13.7 所示。

四、相频特性的测量方法

线路如图 4.13.8 所示。图中虚线框为双踪示波器，示波器的两个信号输入端分别与电阻 R 的上端和信号发生器输出端相连。

适当的调节示波器，使荧光屏上显示稳定、清晰的两条正弦曲线。如图 4.13.9 所示。

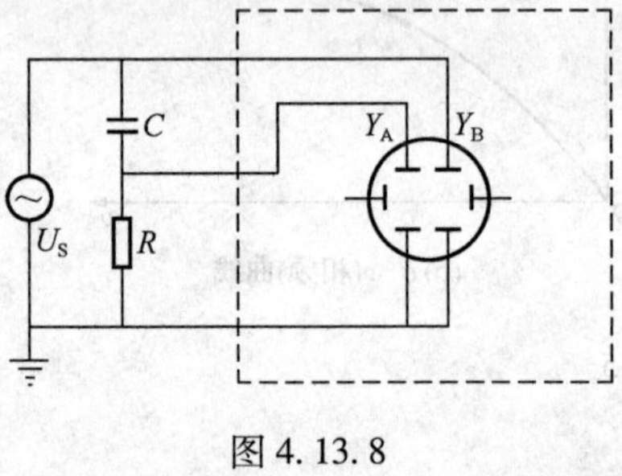

图 4.13.8

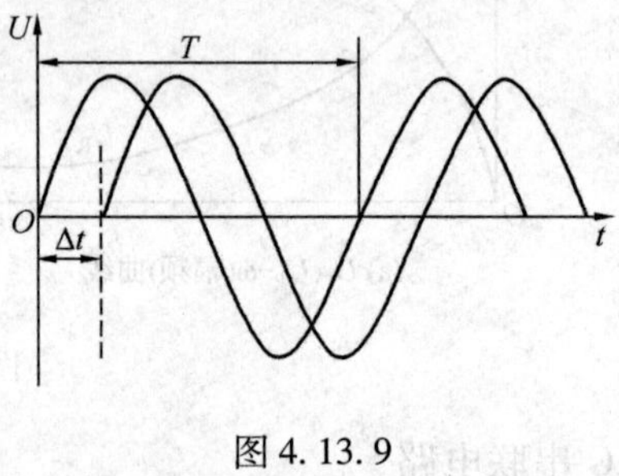

图 4.13.9

通过示波器荧光屏上的水平轴可准确读时间，所以根据正弦波的一个周期在水平方向上所占有的格数可确定周期 T，同时根据两个波形错开的的距离 Δt 也可确定两个正弦信号的位相差。

设：
$$Y_A = A\sin(\omega t + \varphi_A) = A\sin\omega\left(t + \frac{\varphi_A}{\omega}\right)$$

$$Y_B = B\sin(\omega t + \varphi_B) = B\sin\omega\left(t + \frac{\varphi_B}{\omega}\right)$$

则位相差为：$\varphi=\varphi_A-\varphi_B$，时间差为：$\Delta t=\frac{\varphi_A}{\omega}-\frac{\varphi_B}{\omega}=\frac{1}{\omega}(\varphi_A-\varphi_B)$

因此位相差：$\varphi=\omega\Delta t=2\pi f\Delta t=\frac{2\pi\Delta t}{T}=\frac{360^0\Delta t}{T}$

【实验内容】

一、测定 RC 串联电路的幅频特性，测量线路如图 4.13.10 所示。

取 $R=500.0\Omega$，$C=0.5000\mu f$，测量 U_C-f 曲线时，可将图 4.13.10 中 R 和 C 互换位置后再测量，并且测量中始终保持信号源输出幅值为 1.000V。根据测量数据再同一坐标纸上作图，画出 U_R-f，U_C-f 曲线。数据记录参考表格见表 4.13.1。

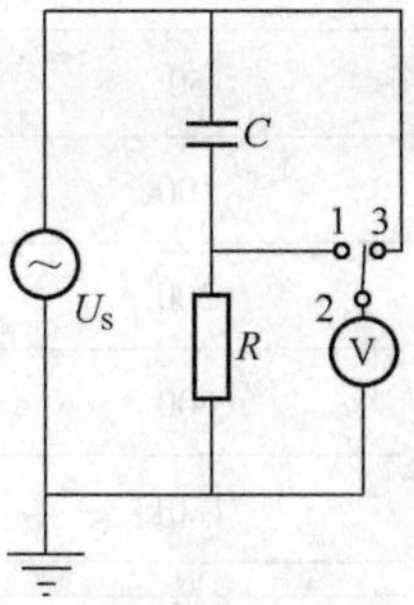

图 4.13.10

表 4.13.1

f/Hz	50	100	200	300	400	500	600	700
U_R/V								
U_C/V								
f/Hz	800	900	1000	1200	1400	1600	1800	2000
U_R/V								
U_C/V								

二、测定 RC 串联电路的相频特性曲线，测量线路如图 4.13.8 所示。取 $R=500.0\Omega$，$C=0.5000\mu f$，作 $\varphi-f$ 曲线。数据记录参考表 4.13.2。

表 4.13.2

f/Hz	50	100	200	300	400	500	600	700
T/cm								
Δt/cm								
ϕ/(°)								
f/Hz	800	900	1000	1500	2000	2500	3000	4000
T/cm								
Δt/cm								
ϕ/(°)								

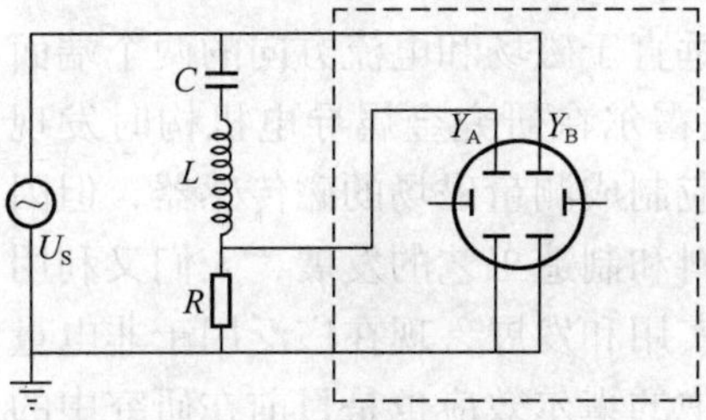

图 4.13.11

三、选取 $f=1000$Hz 时所测得的 V_R，V_C 及 φ 与理论值进行比较计算相对误差。

四、RLC 串联电路中相频特性的测定，参考电路如图 4.13.11 所示，数据记录参考表 4.13.3。

取 $R=500.0\Omega$，$C=0.5000\mu f$，$L=10$mH 左右，做 $\varphi-\ln f$ 曲线。

表 4.13.2

f/Hz	ln$f$	T/cm	Δt/cm	φ/(°)
50				
100				
200				
500				
1.0k				
1.5k				
2.0k				
2.5k				
3.0k				
3.5k				
4.0k				
6.0k				
8.0k				
16.0k				
32.0k				

注意：凡是 I 超前于 U 的 φ 取“-”，反之取“+”。将实验测得的谐振频率与理论值比较，计算相对误差。

【思考题】

一、对纯电阻元件、纯电容元件和纯电感元件，电压和电流相位是什么关系？

二、什么叫幅频特性？什么叫相频特性？

三、在测量不同频率的 U_R、U_L、U_C(即幅频特性)时为什么每次改变频率后必须重新调节信号源的输出电压(有效值)保持不变？测量 φ 与 f 的关系时是否也要保持不变？

实验十四　霍尔效应实验

霍尔效应是导电材料中的电流与外磁场相互作用而在垂直于磁场和电流方向的两个端面之间产生电动势的效应。1879 年美国霍普金斯大学研究生霍尔在研究金属导电机构时发现了这种电磁现象，故称霍尔效应。后来曾有人利用霍尔效应制成测量磁场的磁传感器，但因金属的霍尔效应太弱而未能得到实际应用。随着半导体材料和制造工艺的发展，人们又利用半导体材料制成霍尔元件，由于它的霍尔效应显著而得到实用和发展，现在广泛用于非电量检测、电动控制、电磁测量和计算装置等方面。在电流体中的霍尔效应也是目前在研究中的“磁流体发电”的理论基础。1980 年原西德物理学家冯·克利青(K.　Von Klitzing)研究二维电子气系统的输运特性，在低温和强磁场下发现了量子霍尔效应，这是凝聚态物理领域最重要的发现之一。目前对量子霍尔效应正在进行深入研究，并取得了重要应用，例如用于确定电阻的自然基准、可以极为精确地测量光谱精细结构常数等。

在磁场、磁路等磁现象的研究和应用中，霍尔效应及其元件是不可缺少的，利用它检测磁场直观、干扰小、灵敏度高、效果明显。

【实验目的】

一、了解霍尔效应原理及霍尔元件有关参数。

二、学习用“对称交换测量法”消除副效应产生的系统误差。

三、计算霍尔元件灵敏度、载流子的浓度和迁移率，并判断其载流子的类型。

四、学习利用霍尔效应测量磁感应强度 B 及磁场分布。

【实验原理】

一、霍尔效应

霍尔效应从本质上讲是运动的带电粒子在磁场中受洛伦兹力的作用而引起带电粒子的偏转。当带电粒子(电子或空穴)被约束在固体材料中，这种偏转就导致在垂直于电流和磁场方向的两个端面产生正负电荷的聚积，从而形成附加的横向电场。

如图 4.14.1 所示，沿 Z 轴的正向加以磁场 B，与 Z 轴垂直的半导体薄片上沿 X 正向通以电流 I_s(称为工作电流或控制电流)，假设载流子为电子[如 N 型半导体材料，图 4.14.1(a)]，它沿着与电流 I_s 相反的 X 负向运动。由于洛伦兹力 F_m 的作用，电子即向图中的 D 侧偏转，并使 D 侧形成电子积累，而相对的 C 侧形成正电荷积累。与此同时，运动的电子还受到由于两侧积累的异种电荷形成的反向电场力 F_e 的作用。随着电荷的积累，F_e 逐渐增大，当两力大小相等，方向相反时，电子积累便达到动态平衡。这时在 C、D 两端面之间建立的电场称为霍尔电场 E_H，相应的电势差称为霍尔电压 U_H。

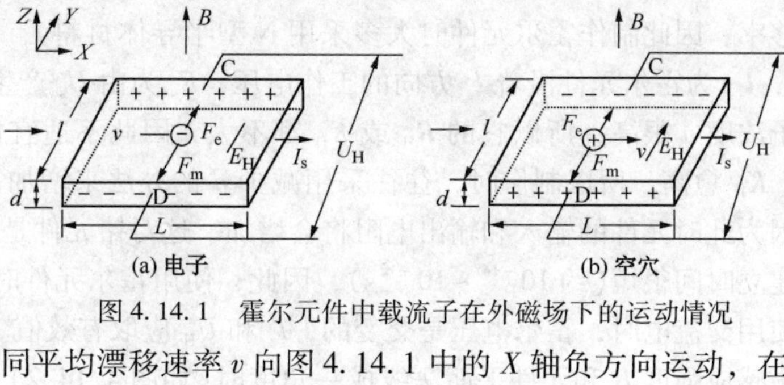

图 4.14.1　霍尔元件中载流子在外磁场下的运动情况

设电子按相同平均漂移速率 v 向图 4.14.1 中的 X 轴负方向运动，在磁场 B 作用下，所受洛伦兹力为：

$$\overrightarrow{F_m} = -e\overrightarrow{v} \times \overrightarrow{B} \tag{4.14.1}$$

式中，e 为电子电量 1.6×10^{-19}C，$\overrightarrow{v}$ 为电子漂移平均速度，$\overrightarrow{B}$ 为磁感应强度。

同时，电场作用于电子的力为：

$$\overrightarrow{F_e} = -e\overrightarrow{E_H} = -e\frac{U_H}{l} \tag{4.14.2}$$

式中，$\overrightarrow{E_H}$ 为霍尔电场强度，$\overrightarrow{U_H}$ 为霍尔电压，l 为霍尔元件宽度。

当达到动态平衡时，$\overrightarrow{F_m} = -\overrightarrow{F_e}$，从而得到：

$$vB = \frac{U_H}{l} \tag{4.14.3}$$

霍尔元件宽度为 l，厚度为 d。载流子浓度为 n，则霍尔元件的工作电流为：

$$I_s = nevld \tag{4.14.4}$$

由式(4.14.3)、式(4.14.4)可得：

$$U_H = \frac{1}{ne}\frac{I_sB}{d} = R_H\frac{I_sB}{d} = K_HI_sB \tag{4.14.5}$$

即霍尔电压 U_H(此时为 C、D 间电压)与 I_s、B 成正比，与霍尔元件的厚度 d 成反比。其中：比例系数 $R_H = \frac{1}{ne}$ 称为霍尔系数，它是反映材料霍尔效应强弱的重要参数；比例系数 $K_H = \frac{1}{ned}$ 称为霍尔元件的灵敏度，它表示霍尔元件在单位磁感应强度和单位工作电流下的霍尔电势大小，其单位是 mV/(mA · T)，一般要求 K_H 愈大愈好。

当霍尔元件的材料和厚度确定时，根据霍尔系数或灵敏度可以得到载流子的浓度 n：

$$n = \frac{1}{eR_H} = \frac{1}{edK_H} \tag{4.14.6}$$

霍尔元件中载流子迁移率 μ：

$$\mu = \frac{v}{E_s} = \frac{v \cdot L}{U_s} \tag{4.14.7}$$

将式(4.14.4)、式(4.14.5)、式(4.14.7)联立求得：

$$\mu = K_H \cdot \frac{L}{l} \cdot \frac{I_s}{U_s} \tag{4.14.8}$$

式中，μ 为载流子的迁移率，即单位电场强度下载流子获得的平均漂移速度(一般电子迁移率大于空穴迁移率，因此制作霍尔元件时大多采用 N 型半导体材料)。L 为霍尔元件的长度(见图 4.14.1)，U_s 为霍尔元件沿着 I_s 方向的工作电压，E_s 为由 U_s 产生的电场强度。

由于金属的电子浓度 n 很高，所以它的 R_H 或 K_H 都不大，因此不适宜作霍尔元件。此外元件厚度 d 愈薄，K_H 愈高，所以制作时，往往采用减少 d 的办法来增加灵敏度，但不能认为 d 愈薄愈好，因为此时元件的输入和输出电阻将会增加，这对锗元件是不希望的。

由于霍尔效应建立时间很短(约 $10^{-14} \sim 10^{-12}$s)，因此，使用霍尔元件时既可用直流电，也可用交流电。但使用交流电时，霍尔电压是交变的，I_s 和 U_H 应取有效值。

应当注意，当磁感应强度 B 和元件平面法线成一角度时(如图 4.14.2)，作用在元件上的有效磁场是其法线方向上的分量 $B\cos\theta$，此时：

$$U_H = K_HI_sB\cos\theta \tag{4.14.9}$$

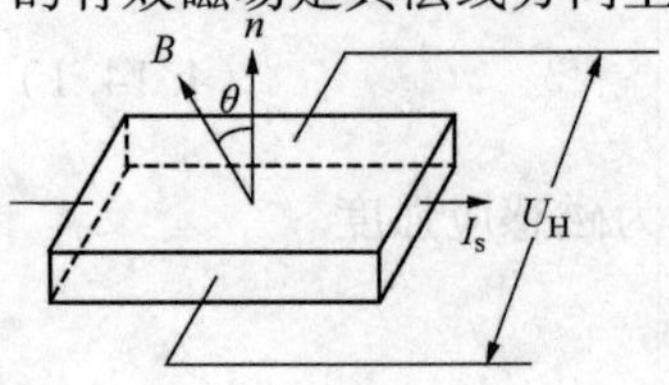

图 4.14.2

所以一般在使用时应调整元件平面朝向，使 U_H 达到最大，即 $\theta = 0$，$U_H = K_HI_sB\cos\theta = K_HI_sB$。

由式(4.14.9)可知，当工作电流 I_s 或磁感应强度 B，两者之一改变方向时，霍尔电压 U_H 的方向随之改变；若两者方向同时改变，则霍尔电压 U_H 极性不变。

二、霍尔效应的副效应及其消除

测量霍尔电势 U_H 时，不可避免地会产生一些副效应，由此而产生的附加电势叠加在霍尔电势上，形成测量系统误差，这些副效应有：

（1）不等位电势 U_0

由于制作时，两个霍尔电极不可能绝对对称地焊在霍尔元件两侧［图 4.14.3（a）］、霍尔元件电阻率不均匀、工作电流极的端面接触不良［图 4.14.3（b）］都可能造成 C、D 两极不处在同一等位面上，此时虽未加磁场，但 C、D 间存在电势差 U_0，称为不等位电势，$U_0 = I_sR_0$，R_0 是 C、D 两极间的不等位电阻。由此可见，在 R_0 确定的情况下，U_0 与 I_s 的大小成正比，且其正负随 I_s 的方向改变而改变。

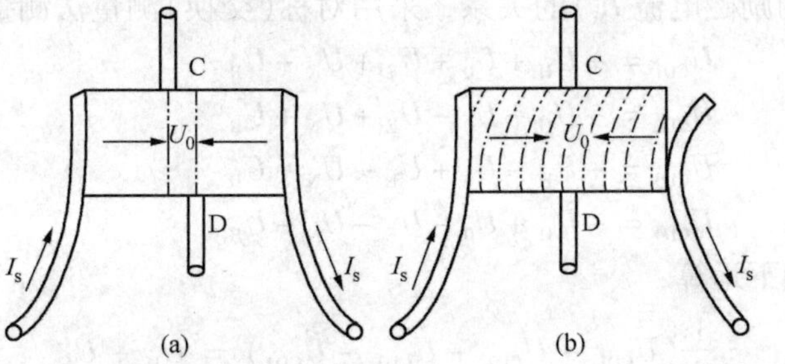

图 4.14.3

（2）埃廷斯豪森（Eting hausen）效应

当霍尔元件的 X 方向通以工作电流 I_s，Z 方向加磁场 B 时，由于霍尔元件内的载流子速度服从统计分布，有快有慢。在达到动态平衡时，在磁场的作用下慢速与快速的载流子将在洛伦兹力和霍尔电场的共同作用下，沿 Y 轴分别向相反的两侧偏转，这些载流子的动能将转化为热能，使两侧的温度不同，因而造成 Y 方向上两侧出现温差（$\Delta T = T_C - T_D$）。见图 4.14.4。

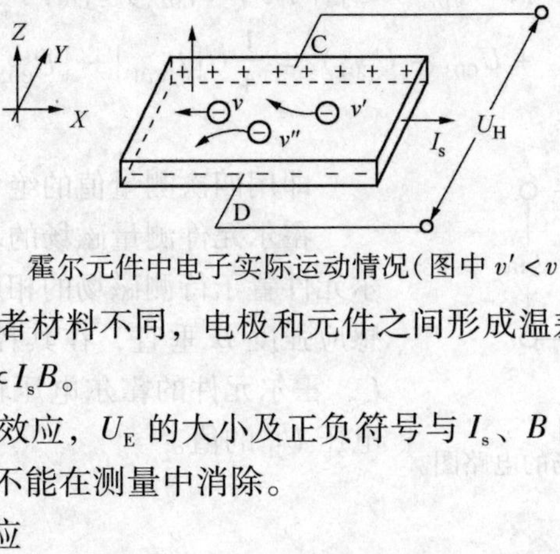

图 4.14.4　霍尔元件中电子实际运动情况（图中 $v'<v$，$v''>v$）

因为霍尔电极和元件两者材料不同，电极和元件之间形成温差电偶，这一温差在 C、D 间产生温差电动势 U_E，$U_E \propto I_sB$。

这一效应称埃廷斯豪森效应，U_E 的大小及正负符号与 I_s、B 的大小和方向有关，跟 U_H 与 I_s、B 的关系相同，所以不能在测量中消除。

（3）能斯特（Nernst）效应

由于工作电流的两个电极与霍尔元件的接触电阻不同，工作电流在两电极处将产生不同的焦耳热，引起工作电流两极间的温差电动势，此电动势又产生温差电流（称为热电流）I_Q，热电流在磁场作用下将发生偏转，结果在 Y 方向上产生附加的电势差 U_N 且 $U_N \propto I_QB$，这一效应称为能斯特效应，由上式可知 U_N 的符号只与 B 的方向有关。

（4）里吉－勒迪克（Righi－Leduc）效应

如图 4.14.4 所示霍尔元件在 X 方向有温度梯度，引起载流子沿梯度方向扩散而有热电

流 I_Q 通过霍尔元件，在此过程中载流子受 Z 方向的磁场 B 作用，在 Y 方向引起类似爱廷豪森效应的温差 $\Delta T = T_C - T_D$，由此产生的电势差 $U_R \propto I_Q B$，其符号与 B 的方向有关，与 I_s 的方向无关。

在确定的磁场 B 和工作电流 I_s 下，实际测出的电压是 U_H、U_0、U_E、U_N和 U_R 这 5 种电势差的代数和。上述 5 种电势差与 B 和 I_s 方向的关系如下：

U_H		U_0		U_E		U_N		U_R	
B	I_s	B	I_s	B	I_s	B	I_s	B	I_s
有关	有关	无关	有关	有关	有关	有关	无关	有关	无关

为了减少和消除以上效应引起的附加电势差，利用这些附加电势差与霍尔元件工作电流 I_s、磁场 B(即相应的励磁电流 I_M)的关系，采用对称(交换)测量法测量 C、D 间电势差：

当 $+I_M$，$+I_s$ 时　　$U_{CD1} = +U_H + U_0 + U_E + U_N + U_R$

当 $+I_M$，$-I_s$ 时　　$U_{CD2} = -U_H - U_0 - U_E + U_N + U_R$

当 $-I_M$，$-I_s$ 时　　$U_{CD3} = +U_H - U_0 + U_E - U_N - U_R$

当 $-I_M$，$+I_s$ 时　　$U_{CD4} = -U_H + U_0 - U_E - U_N - U_R$

对以上四式作如下运算：

$$\frac{1}{4}(U_{CD1} - U_{CD2} + U_{CD3} - U_{CD4}) = U_H + U_E \tag{4.14.10}$$

可见，除埃廷斯豪森效应以外的其他副效应产生的电势差会全部消除，因埃廷斯豪森效应所产生的电势差 U_E 的符号和霍尔电势 U_H 的符号，与 I_s 及 B 的方向关系相同，故无法消除，但在非大电流、非强磁场下，$U_H >> U_E$，因而 U_E 可以忽略不计，故有：

$$U_H \approx U_H + U_E = \frac{1}{4}(U_{CD1} - U_{CD2} + U_{CD3} - U_{CD4}) \tag{4.14.11}$$

一般情况下当 U_H 较大时，U_{CD1} 与 U_{CD3} 同号，U_{CD2} 与 U_{CD4} 同号，而两组数据反号，故：

$$U_H = \frac{1}{4}(U_{CD1} - U_{CD2} + U_{CD3} - U_{CD4}) = \frac{1}{4}(|U_{CD1}| + |U_{CD2}| + |U_{CD3}| + |U_{CD4}|) \tag{4.14.12}$$

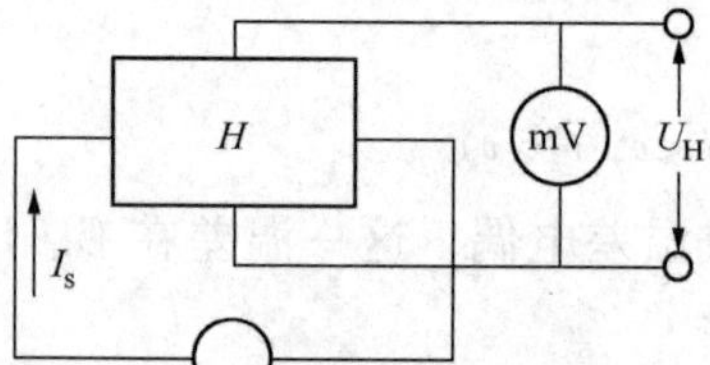

图 4.14.5　霍尔元件测量磁场的电路图

即用四次测量值的绝对值的平均值即可。

霍尔元件测量磁场的基本电路如图 4.14.5，将霍尔元件置于待测磁场的相应位置，并使元件平面与磁感应强度 B 垂直，在其控制端输入恒定的工作电流 I_s，霍尔元件的霍尔电压输出端接毫伏表，测量霍尔电压 U_H 的值。

【实验仪器】

本套仪器由 ZKY－HS 霍尔效应实验仪和 ZKY－H/L 霍尔效应测试仪两大部分组成，如图 4.14.6。

一、ZKY－HS 霍尔效应实验仪

本实验仪由 C 形电磁铁、二维移动尺及霍尔元件、面板标示牌、三个双刀双掷开关等组成。

1. C 形电磁铁

本实验中励磁电流 I_M 与电磁铁在气隙中产生的磁感应强度 B 成正比。导线绕向(或正

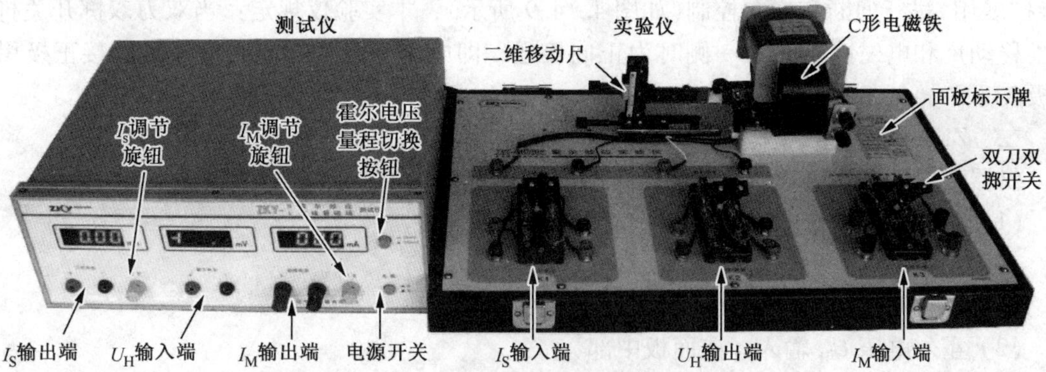

图 4.14.6　霍尔效应实验仪与测试仪

向励磁电流 I_M 方向）已在线圈上用箭头标出，可通过“右手螺旋定则”以及磁力线基本沿着铁芯走的性质，确定电磁铁气隙中磁感应强度 B 的方向。

2. 二维移动尺及霍尔元件

二维移动尺可调节霍尔元件水平、垂直移动，可移动范围：水平 0～50mm，垂直 0～30mm。

霍尔元件相关参数见面板标示牌。

霍尔元件上有 4 只引脚（图 4.14.7），其中编号为 1、2 的两只为工作电流端，编号为 3、4 的两只为霍尔电压端（图 4.14.7 中的图形“O”仅标示霍尔元件正方向）。同时将这 4 只引脚焊接在印制板上，然后引到仪器双刀双掷开关上，接线柱旁标有 1、2、3、4 四个编号，按对应编号连线。霍尔元件在印制板上的朝向是正面背离印制板而朝向实验者，霍尔元件在印制板上的位置如图 4.14.8 所示。

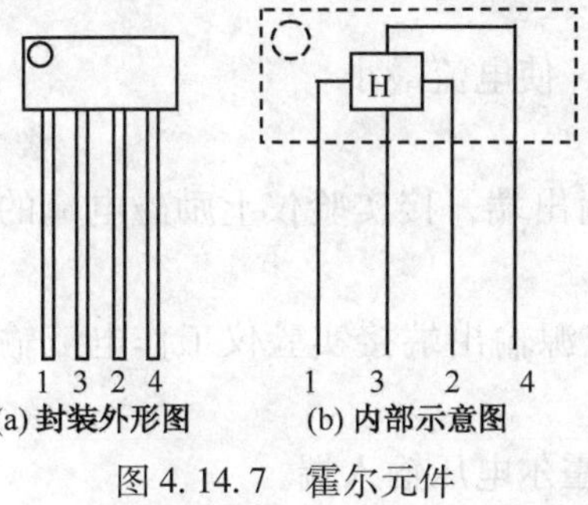

图 4.14.7　霍尔元件

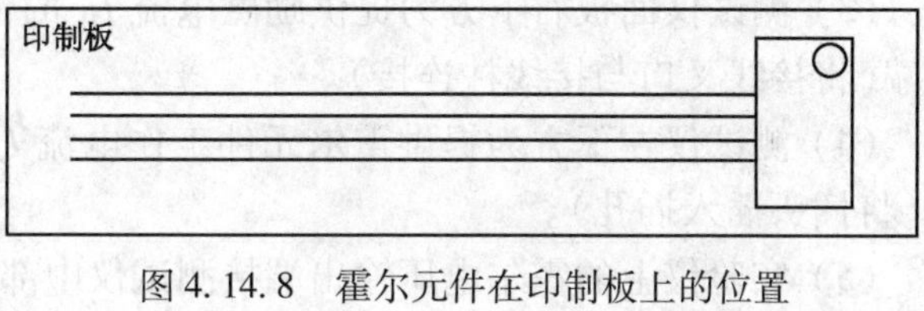

图 4.14.8　霍尔元件在印制板上的位置

3. 面板标示牌

面板标示牌中填写的内容包括：霍尔元件参数（尺寸、导电类型及材料、最大工作电流）、电磁铁参数（线圈常数 C、气隙尺寸等）。由于本实验中励磁电流 I_M 与电磁铁在气隙中产生的磁感应强度 B 成正比，故用电磁铁的线圈常数 C 可替代测量磁感应强度的特斯拉计。电磁铁线圈常数 C 指的是单位励磁电流作用下电磁铁在气隙中产生的磁感应强度，单位：mT/A。若已知励磁电流大小，便能根据公式：$B = C \cdot I_M$ 得到此时电磁铁气隙中的磁感应强度。

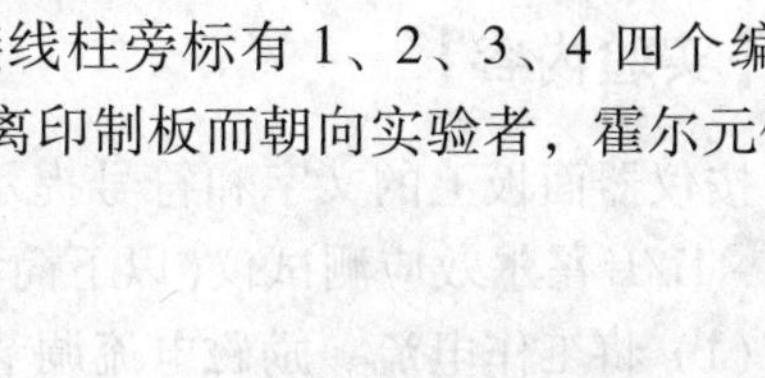

图 4.14.9　双刀双掷开关示意图

4. 三个双刀双掷开关

分别对励磁电流 I_M、工作电流 I_s、霍尔电压 U_H

(待扩展用)进行通断和换向控制(如图4.14.9所示)，本实验仪规定：当双刀双掷开关打向二维移动尺和电磁铁所在的一侧时为正向接通，即电流为红进黑出，电极为红接正极黑接负极。

二、ZKY－H/L霍尔效应测试仪

仪器背部为220V交流电源插座(带保险丝)。仪器面板分为三大部分：

(1) 霍尔元件工作电流 I_s 输出：前面板左侧

三位半数码管显示输出电流值 I_s(mA)

恒流源可调范围：0~5.00mA(用调节旋钮调节)

(2) 霍尔电压 U_H 输入：前面板中部

四位数码管显示输入电压值 U_H(mV)

测量范围：0~19.99mV(量程20mV)或0~199.9mV(量程200mV)，可通过按测试仪面板上的量程切换按钮进行切换。在本实验中，只用200mV量程，在实验前请先将霍尔电压测试仪的电压量程调至200mV。20mV量程配套另一仪器——"螺线管磁场实验仪"使用。

(3) 励磁电流 I_M 输出：前面板右侧

三位半数码管显示输出电流值 I_M(mA)

恒流源可调范围：0~1000mA(用调节旋钮调节)

注意：只有在接通负载时，恒流源才能输出电流，数显表上才有相应显示。

【实验内容】

按仪器面板上的文字和符号提示将ZKY－HS霍尔效应实验仪(以下简称"实验仪")与ZKY－H/L霍尔效应测试仪(以下简称"测试仪")正确连接。

(1) 将工作电流、励磁电流调节旋钮逆时针旋转到底，使电流最小。

(2) 将测试仪的电压量程调至高量程。

(3) 测试仪面板右下方为提供励磁电流 I_M 的恒流源输出端，接实验仪上励磁电流的输入端(将接线叉口与接线柱连接)。

(4) 测试仪左下方为提供霍尔元件工作电流 I_s 的恒流源输出端接实验仪工作电流输入端(将插头插入插孔)。

(5) 实验仪上的霍尔电压输出端接测试仪中部下方的霍尔电压输入端。

(6) 将测试仪与220V交流电源相连，按下开机键。

注：为了提高霍尔元件测量的准确性，实验前霍尔元件应至少预热5min，具体操作如下：断开励磁电流开关，闭合工作电流开关，通入工作电流5mA，待至少5min可以开始实验。

1. 测量霍尔元件灵敏度 K_H，计算载流子浓度 n

(1) 移动二维移动尺，使霍尔元件处于电磁铁气隙中心位置(其法线方向已调至平行于磁场方向)，闭合励磁电流开关，调节励磁电流 $I_M=600$mA，通过公式：$B=C\cdot I_M$ 求得并记录此时电磁铁气隙中的磁感应强度 B(C 为电磁铁的线圈常数，C 的值见面板标示牌)。

(2) 调节工作电流 $I_s=0.50$、1.00……、5.00mA(间隔0.50mA)，通过变换实验仪各换向开关，在($+I_M$，$+I_s$)、($-I_M$，$+I_s$)、($-I_M$，$-I_s$)、($+I_M$，$-I_s$)四种测量条件下，分别测出对应的C、D间电压值 U_i(i=1、2、3、4)，根据式(4.14.12)计算霍尔电压 U_H 填入表4.14.1，并绘制 U_H-I_s 关系曲线，求得斜率 K_1($K_1=U_H/I_s$)。

（3）根据式（4.14.5）可知$K_H = K_1/B$；据式（4.14.6）可计算载流子浓度n（霍尔元件厚度d已知，见面板标示牌）。

2. 测量霍尔元件的载流子迁移率μ（选做）

注：该实验需自备一只电压表，用于测量工作电压U_s，电压表挡位选为“直流20V挡”。电压表的正负极分别接测试仪上工作电流输出端的红、黑插孔。

（1）断开励磁电流开关，使$I_M = 0$（电磁铁剩磁很小，约零点几毫特，可忽略不计）。调节$I_s = 0.50$、1.00……、5.00mA（间隔0.50mA），记录对应的工作电压U_s填入表4.14.2，绘制$I_s - U_s$关系曲线，求得斜率K_2（$K_2 = I_s/U_s$）。

（2）根据上面求得的K_H，结合式（4.14.8）可以求得载流子迁移率μ（霍尔元件长度L、宽度l已知，见面板标示牌）。

3. 判定霍尔元件半导体类型（P型或N型）或者反推磁感应强度B的方向

（1）根据电磁铁导线绕向及励磁电流I_M的流向，可判定气隙中磁感应强度B的方向。

（2）根据闸刀开关接线以及霍尔测试仪I_s输出端引线，可判定I_s在霍尔元件中流向。

（3）根据换向闸刀开关接线以及霍尔测试仪U_H输入端引线，可以得出U_H的正负与霍尔元件上正负电荷积累的对应关系。

（4）由B的方向、I_s流向以及U_H的正负并结合霍尔元件的引脚位置可以判定霍尔元件半导体的类型（P型或N型）。反之，若已知I_s流向、U_H的正负以及霍尔元件半导体的类型，可以判定磁感应强度B的方向。

4. 研究霍尔电压U_H与励磁电流I_M之间的关系

霍尔元件仍位于电磁铁气隙中心，调定$I_s = 3.00$mA，分别调节$I_M = 100$、200……1000mA（间隔为100mA），分别测量C、D间电压值U_i，计算霍尔电压U_H填入表4.14.3，并绘出$U_H - I_M$曲线，分析磁感应强度B与励磁电流I_M之间的关系。

5. 测量一定I_M条件下电磁铁气隙中磁感应强度B的大小及分布情况

（1）调节$I_M = 600$mA，$I_s = 5.00$mA，调节二位移动尺的垂直标尺，使霍尔元件处于电磁铁气隙垂直方向的中心位置。调节水平标尺至0刻度位置，测量相应的U_i。

（2）调节水平标尺按表4.14.4中给出的位置测量U_i，填入表4.14.4（若表4.14.4中首尾个别位置达不到，可跳过继续实验）。

（3）根据以上测得的U_i，计算霍尔电压U_H值，根据式（4.14.5）计算出各点的磁感应强度B，并绘出$B - x$图，描述电磁铁气隙内x方向上B的分布状态。

【注意事项】

1. 由于励磁电流较大，所以千万不能将I_M和I_s接错，否则励磁电流将烧坏霍尔元件。

2. 霍尔元件及二维移动尺容易折断、变形，应注意避免受挤压、碰撞等。实验前应检查两者及电磁铁是否松动、移位，并加以调整。

3. 为了不使电磁铁因过热而受到损害，或影响测量精度，除在短时间内读取有关数据，通以励磁电流I_M外，其余时间最好断开励磁电流开关。

4. 仪器不宜在强光、高温、强磁场和有腐蚀性气体的环境下工作和存放。

【数据处理】

表 4.14.1　霍尔电压 U_H 与工作电流 I_s 的关系　$I_M=600mA$，$C=$____ mT/A

I_s/mA	U_1/mV	U_2/mV	U_3/mV	U_4/mV	$U_H=\frac{1}{4}(\|U_1\|+\|U_2\|+\|U_3\|+\|U_4\|)$/mV
	$+I_M$，$+I_s$	$-I_M$，$+I_s$	$-I_M$，$-I_s$	$+I_M$，$-I_s$	
0.50					
1.00					
1.50					
2.00					
2.50					
3.00					
3.50					
4.00					
4.50					
5.00					

表 4.14.2　工作电流 I_s 与工作电压 U_s 的关系　$I_M=0mA$

I_s/mA	0.50	1.00	1.50	2.00	2.50	3.00	3.50	4.00	4.50	5.00
U_s/mV										

表 4.14.3　霍尔电压 U_H 与励磁电流 I_M 之间的关系　$I_s=3.00mA$

I_M/mA	U_1/mV	U_2/mV	U_3/mV	U_4/mV	$U_H=\frac{1}{4}(\|U_1\|+\|U_2\|+\|U_3\|+\|U_4\|)$/mV	B/mT
	$+I_M$，$+I_s$	$-I_M$，$+I_s$	$-I_M$，$-I_s$	$+I_M$，$-I_s$		
100						
200						
300						
400						
500						
600						
700						
800						
900						
1000						

表 4.14.4　电磁铁气隙中磁感应强度 B 的分布　$I_M=600mA$，$I_s=5.00mA$

X/mm	U_1/mV	U_2/mV	U_3/mV	U_4/mV	$U_H=\frac{1}{4}(\|U_1\|+\|U_2\|+\|U_3\|+\|U_4\|)$/mV	B/mT
	$+I_M$，$+I_s$	$-I_M$，$+I_s$	$-I_M$，$-I_s$	$+I_M$，$-I_s$		
0						
2						
4						

续表

X/mm	U_1/mV	U_2/mV	U_3/mV	U_4/mV	$U_H = \frac{1}{4}(\|U_1\|+\|U_2\|+\|U_3\|+\|U_4\|)$/mV	B/mT
	$+I_M$, $+I_s$	$-I_M$, $+I_s$	$-I_M$, $-I_s$	$+I_M$, $-I_s$		
6						
8						
10						
12						
15						
20						
25						
30						
35						
40						
45						
48						
50						

实验十五　交流电桥

【实验目的】

一、学习用交流电桥测量电容，电感及其损耗的方法。

二、了解交流电桥的平衡原理，掌握调节电桥平衡的方法。

三、学习用交流电桥测量电容，电感并估算不确定度的方法。

【实验原理】

交流电桥是测量电感，电容精度最高的测量仪器，也是实验室中较为常用的测量仪器。

一、交流电桥的平衡条件

交流电桥的电路形式与直流电桥相同，并且都是采用比较法进行测量。其电路如图4.15.1所示。交流电桥的交流信号为U_s；指零器G采用高灵敏度的交流毫伏表或交流检流计等；桥臂中各元件不都是电阻，它们也可以是电容、电感或RLC的组合回路等。

由于交流电桥中含有电感，电容等元件。因此，电桥的平衡条件为$V_B = V_D$，即两个交流电压相等的条件不只是电压幅度相同，还要相位相同，根据平衡条件：

$$Z_2 \cdot Z_4 - Z_1 \cdot Z_3 = 0$$

$$\frac{Z_1}{Z_2} = \frac{Z_4}{Z_3} \tag{4.15.1}$$

若把复阻抗用指数形式表示，则式(4.15.1)可写成：

$$\frac{Z_1 e^{j\varphi_1}}{Z_2 e^{j\varphi_2}} = \frac{Z_4 e^{j\varphi_4}}{Z_3 e^{j\varphi_3}}$$

上式成立须满足：

$$Z_1 = \frac{Z_4}{Z_3} \cdot Z_2 \tag{4.15.2}$$

$$\varphi_1 - \varphi_2 = \varphi_4 - \varphi_3 \tag{4.15.3}$$

式(4.15.2)和式(4.15.3)即为交流电桥平衡条件。

图 4.15.2 为测量电容的一种电路。

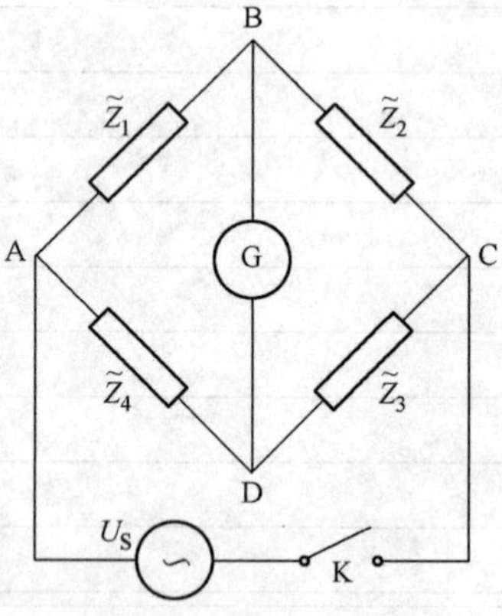

图 4.15.1

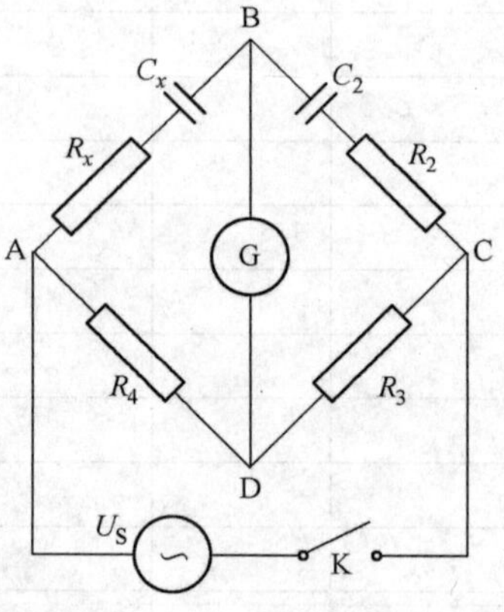

图 4.15.2

$$\begin{cases} Z_1 = R_x + \dfrac{1}{jC_x\omega} \\ Z_2 = R_2 + R_{C_2} + \dfrac{1}{jC_2\omega} \\ Z_3 = R_3 \\ Z_4 = R_4 \end{cases}$$

图中 R_{C_2} 为标准电容 C_2 的损耗电阻，其值很小，可以忽略不计，由平衡条件得：

$$R_x + \frac{1}{jC_x\omega} = \frac{R_4}{R_3}\left(R_2 + \frac{1}{jC_2\omega}\right)$$

根据复数相等原理

$$\begin{cases} C_x = \dfrac{R_3}{R_4}C_2 & (4.15.4) \\ R_x = \dfrac{R_4}{R_3}R_2 & (4.14.5) \end{cases}$$

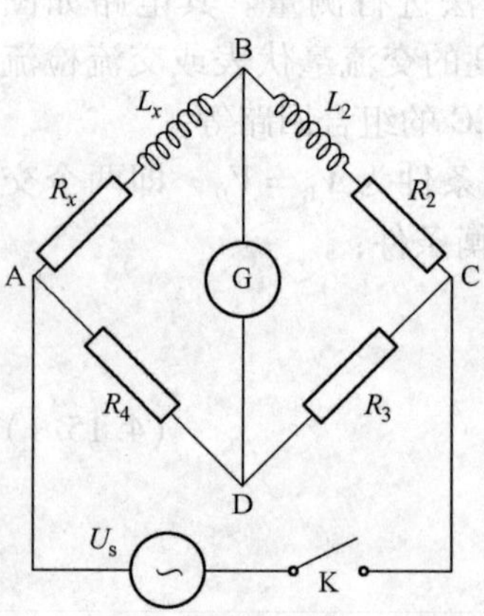

图 4.15.3

图 4.15.3 为测量电感的一种电路。图中

$$\begin{cases} Z_1 = R_x + jL_x\omega \\ Z_2 = R_2 + R_{L_2} + jL_2\omega \\ Z_3 = R_3 \\ Z_4 = R_4 \end{cases}$$

根据平衡条件得出：

$$R_x + jL_x\omega = \frac{R_4}{R_3}(R_2 + R_{L_2} + jL_2\omega)$$

化简后得到：

$$\begin{cases} L_x = \dfrac{R_4}{R_3} L_2 & (4.15.6) \\ R_x = \dfrac{R_4}{R_3}(R_2 + R_{L_2}) & (4.15.7) \end{cases}$$

R_{L_2} 为标准电感 L_2 的损耗电阻。

二、交流电桥的平衡调节

由于交流电桥总有两个平衡条件需要同时满足，因此在各臂的参量中至少要有两个可以调节的参量，只有这两个被调节的参量同时达到平衡的数值，指零器才能指在0点。然而实际上调节交流电桥时，总是首先固定其中一个参量，调节另一个参量，在这样的调节过程中，每次只能通过指零器的电流(电压)达到最小值，然后再将第一个参量固定在此数值来调节另一个参量。如果被固定的第一个参量数值不是平衡值，调节第二个参量时也不能使电桥达到完全平衡，而只能使指示器的电压达到新的最小值，为了将电桥调到完全平衡，必须反复调节这两个参量，逐次逼近平衡，可见交流电桥平衡的调节，要比惠斯通电桥的调节复杂得多。

调节交流电桥平衡应注意如下几个问题：

1. 事先设法知道待测元件的大概数值，根据平衡公式选定调节参量的数值，务必使电桥从开始起就不至于远离平衡。

2. 用电桥测量时，往往总是分粗测和精测两步完成。粗测的目的是知道待测元件数值的大致范围，精测的目的是选择合适的元件和数值，确保各量的精度，从而保证最终结果的准确度。

3. 分步调，反复调，在每一步中抓住主要问题。例如测电容时，由于一般电容器的损耗电阻 R_c 都比较小(标准电容的损耗电阻几乎为零)所以一开始 R_2 可取零，这时虽然 R_c 的表达式得不到满足，但是偏离也不大，而 C_x 的表达式尽可能得到满足，当指示器中的示数已达到一个极小值，再调节 R_2 使指示器的示数又一次达到极小值。如此反复调下去，使电桥一步步更接近平衡，直到指示器的示数无法再小为止。电桥就达到了平衡。测电感时调节平衡步骤原则上与上述相同。

4. 确定某一量的测量误差。若电桥已处于平衡状态，可改变该量的大小，直至指零器能分辨出电桥失去平衡为止。则该变量就是该量的测量误差。显然电桥的分辨能力越高，测量误差越小，有效数字位数越多。最后根据各直接测量量的误差得出最后结果的总的不确定度。

【实验仪器】

TFG2000 系列 DDS 函数信号发生器(做交流电源用)，JK－08 型交流检流计，数字万用表，电阻箱，标准电容器，可调标准电感，待测电容及待测电感。

【实验内容】

本实验用 TFG2000 系列 DDS 函数信号发生器的输出 A 作为交流电源，频率调至 1kHz，电压为 2～4V，用 JK－08 型交流检流计作为指零器。

一、自组电容比较桥(电路图如图 4.15.2 所示)测量待测电容 c_x 及其 Δc_x，标准电容箱的损耗电阻忽略不计。元件参数如表 4.15.1 所示。

表 4.15.1　测量待测电容 C_x 及其 ΔC_x 数据记录表格

项目	R_3/Ω	R_4/Ω	R_3、R_4 交换前		R_3、R_4 交换后		$C_x=\frac{R_3}{R_4}C_2$ 或 $\overline{C}_x=\sqrt{C_2\cdot C'_2}$ /μF	$u_{\overline{C}_x}$ /μF
			C_2/μF	u_{C_2}/μF	C_2'/μF	$u_{C'}$/μF		
C_{x1}	300	2000						
C_{x2}	400	600						
C_{x3}	4000	500						

$$\overline{C}_{x2}=\sqrt{C_2\cdot C'_2}\qquad \frac{u_{\overline{C}_{x2}}}{\overline{C}_{x2}}=\sqrt{\left(\frac{u_{C_2}}{2C_2}\right)^2+\left(\frac{u_{C_2'}}{2C'_2}\right)^2}$$

$$C_{x2}=\overline{C}_{x2}\pm u_{\overline{C}_{x2}}=$$

二、自组电感比较桥(电路图如图 4.15.3 所示)测定待测线圈的电感 L_x 及其 ΔL_x 并测定其损耗电阻 R_x（需测所用标准电感的损耗电阻 R_{L_2}）。元件参数如表 4.15.2 所示。

表 4.15.2　测定待测线圈的 L_x、ΔL_x、R_x 数据记录表格

	R_3/Ω	R_4/Ω	L_2 /mH				R_2/Ω	R_{L2}/Ω	R_x/Ω	L_x 或 $\overline{L}_x$/mH	$u_{\overline{L}_{x3}}$ /mH
L_{x1}	4000	30									
L_{x2}	4000	600									
L_{x3}	500	500	R_4、R_3 交换前		R_4、R_3 交换后						
			L_2	U_{L_2}	$L_{2'}$	U'_{L_2}					

$$R_x=\frac{R_4}{R_3}(R_2+R_{L2})\qquad L_x=\frac{R_4}{R_3}\cdot L_2$$

$$\overline{L}_{x3}=\sqrt{L_2\cdot L'_2}\qquad \frac{u_{\overline{L}_{x3}}}{L_{x_3}}=\frac{1}{2}\sqrt{\left(\frac{u_{L_3}}{L_3}\right)^2+\left(\frac{u_{L_{3'}}}{L'_3}\right)^2}$$

$$L_{x3}=\overline{L}_{x3}\pm u_{\overline{L}_{x3}}=$$

三(选做)、自行拟订一个用一个四挡标准电容箱测量电感的测量线路，并导出公式，写出测量步骤，并实际测量。

【思考题】

一、怎样确定交流电桥中各调节量的测量不确定度?

二、交流电桥的平衡条件是什么？有否绝对平衡?

三、试设计一个能测量交流信号频率的交流电桥并写出原理和测量方法。

四、若用示波器作为交流电桥平衡指示器应如何接线？试画图说明。

实验十六　偏振光的研究

光的偏振现象是波动光学中的一种重要现象，是马吕斯 1808 年在实验中发现的。自从人造偏振片发明以来，偏振光在工业、农业、医学、国防等方面的应用愈来愈广泛。利用偏振光的各种精密仪器已为科学研究、工程设计、生产技术检验等提供了极有价值的手段。

【实验目的】

一、了解偏振光的分类，观察光的偏振现象。

二、掌握偏振光的产生及检验方法。

三、了解波片的原理和作用。

【实验原理】

一、光的偏振状态

光是一种电磁波，它的电矢量 $\vec{E}$ 和磁矢量 $\vec{H}$ 是相互垂直，且都垂直于光的传播方向。通常引起视觉和光化学反应的是光的电矢量，所以将电矢量 $\vec{E}$ 的方向作为光矢量的振动方向。光的偏振现象是横波所特有的。按照光矢量的振动状态不同，可以将光分为自然光和各种偏振光，如图 4. 16. 1 所示。

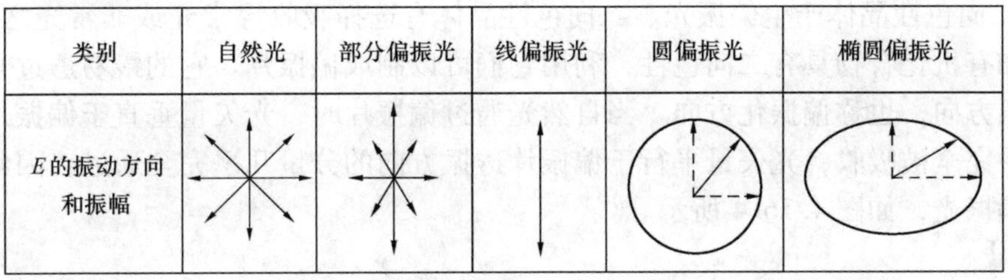

图 4. 16. 1

1. 自然光：光矢量振动方向在垂直于传播方向的平面上有无穷多个、均匀分布、等振幅的分量。一个自然光可以当作在垂直于光传播方向平面内的、任意两个互相垂直方向上的、没有固定位相关系的、等振幅的线偏振光的组合。

2. 部分偏振光：光矢量振动在各方向上的分布不均匀，振幅在有的方向上强、有的方向上弱，它是自然光和偏振光的组合，或是自然光和椭圆偏振光的组合。

3. 线偏振光：光矢量沿着一个固定方向振动的光，也叫平面偏振光。

4. 圆偏振光：以两个同频率有固定位相差的相互垂直的等幅线偏振光在其相遇点的合成光，光矢量末端的轨迹呈圆形，称为圆偏振光。

5. 椭圆偏振光：以两个同频率有固定位相差的互相垂直的非等幅线偏振光在其相遇点的合成光，光矢量末端的轨道呈椭圆形，称为椭圆偏振光。

它们在一定条件下可以互相转化，即自然光 - 线偏振光 - 椭圆(或圆)偏振光 - 线偏振光。

二、线偏振光的产生

1. 反射产生偏振光。当自然光从一种介质(折射率为 n_1)以 $\tan i_0 = n_2/n_1$ 的入射角 i_0 照射在折射率为 n_2 的非金属表面(如玻璃)上时，则反射光为完全线偏振光，其振动面垂直于入射面，此时的入射角称为起偏角(也叫布儒斯特角)。一般介质在空气中的起偏角为 53° ~ 58°，如图 4. 16. 2(a)所示。

2. 折射产生偏振光。当自然光以布儒斯特角 i_0 入射到一叠玻璃片堆上时，各层反射光全都是位于同一振动平面内的线偏振光，而折射光则会不断失去垂直于入射面振动的光，玻璃片越多，则透过的光越接近线偏振光。当玻璃片数接近 8 ~ 9 片时，可近似看成线偏振光。

如图 4.16.2(b)所示。

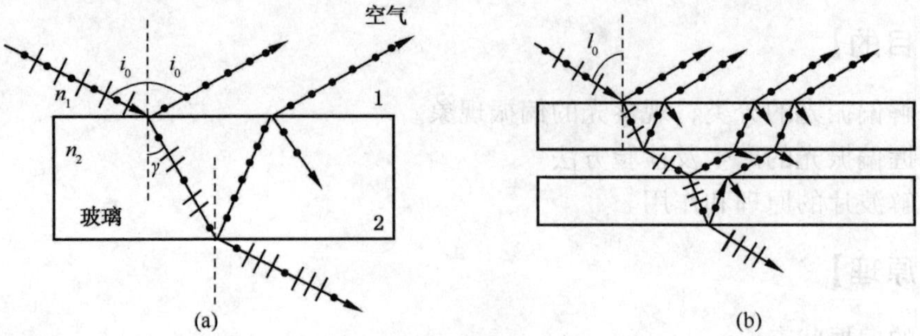

图 4.16.2

3. 晶体双折射产生偏振光。当自然光入射到一些各向异性晶体时，晶体的双折射作用使入射的自然光折射成为两条光线，即寻常光(o 光)、非常光(e 光)，这两种光都是平面偏振光，如图 4.16.3 所示。利用方解石晶体做成的尼科耳棱镜只能让 e 光通过，o 光被全反射掉，使入射的自然光变成线偏振光。

4. 由二向色性晶体产生偏振光。二向色性晶体有选择吸收寻常光或非常光之一的性质。一些矿物和有机化合物具有二向色性，利用它们可以制成偏振片。它的最易透过光矢量的方向叫做透振方向，也称偏振化方向。当自然光通过偏振片时，光矢量垂直于偏振片透振方向的分量几乎完全被吸收，光矢量平行于偏振片透振方向的分量几乎完全通过，因此透射光基本上为线偏振光，如图 4.16.4 所示。

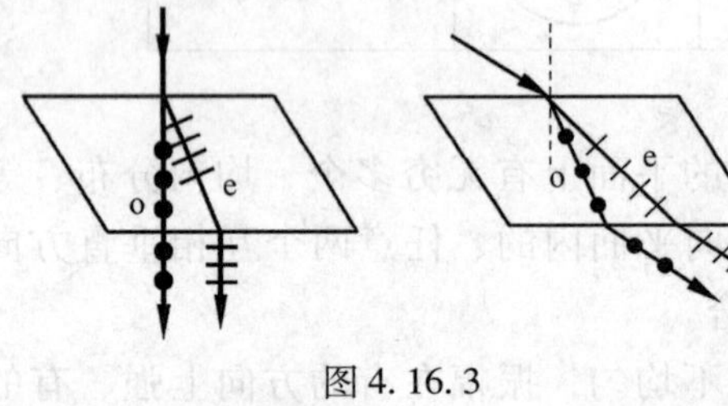

图 4.16.3

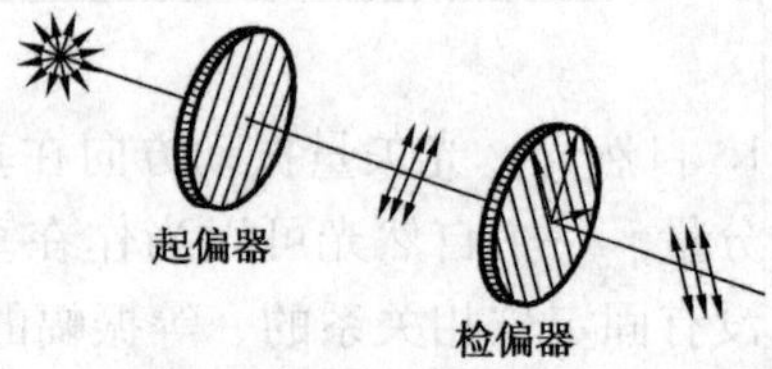

图 4.16.4

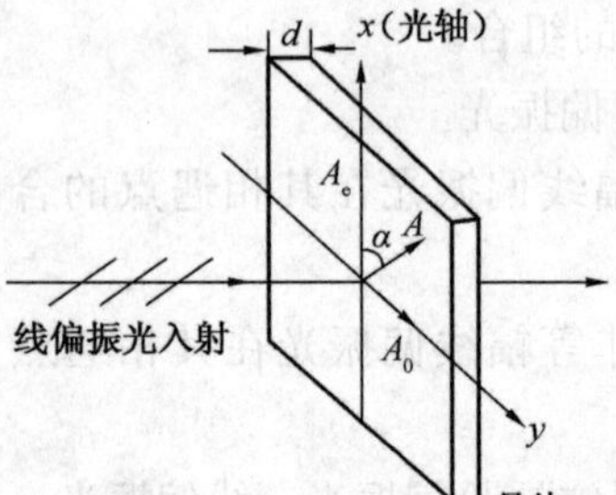

图 4.16.5

5. 波片。波片是用来改变或检验光的偏振情况的晶体薄片。当线偏振光垂直入射到一块表面平行于光轴的晶片时，如图 4.16.5 所示，其振动面与晶片的光轴成 α 角，入射光将被分为 e 光、o 光两部分，它们的传播方向一致，但振动方向平行于光轴的 e 光与振动方向垂直于光轴的 o 光在晶片中传播的速度不同，因而产生了光程差，用 Δ 表示：

$$\Delta = (n_e - n_o)d$$

与其相对应的位相差为

$\delta = \dfrac{2\pi}{\lambda}d(n_e - n_o)$（在负晶体中，$\delta<0$；在正晶体中，$\delta>0$）

式中，d 为晶片的厚度。若改变晶体厚度 d，光程差 Δ 也会改变。

(1) 全波片。当晶片的厚度满足

$$\Delta = (n_e - n_o)d = k\lambda \qquad (k = 0,1,2,3\cdots)$$

满足此条件的晶片叫全波片。线偏振光通过全波片以后，出射光仍为线偏振光，振动面与入射光振动方向相同，没有发生振动状态的改变。

（2）1/2 波片。当晶片的厚度满足

$$\Delta = (n_e - n_o)d = (k + \frac{1}{2})\lambda \qquad (k = 0,1,2,3\cdots)$$

满足此条件的晶体叫 1/2 波片或半波片。平面偏振光通过半波片后，出射光仍是平面偏振光，但其振动面相对于入射光振动面转过 2α 角，若 $\alpha = 45°$，则出射光的振动面与入射光的振动面垂直。

（3）1/4 波片。当晶片的厚度满足

$$\Delta = (n_e - n_o)d = (k + \frac{1}{4})\lambda \qquad (k = 0,1,2,3\cdots)$$

满足此条件的晶片叫 1/4 波片。线偏振光射入该波片后，出射光为椭圆偏振光，椭圆的两轴分别与晶片的光轴平行及垂直。

由于 o 和 e 光的振幅是 α 的函数，如图 4.16.5 所示，即 $A_e = A\cos\alpha, A_o = A\sin\alpha$。所以线偏振光通过 1/4 波片后的合成偏振状态将随着角度 α 的变化而不同。

当 $\alpha = 0°$，$\pi/2$ 时，出射光分别为振动方向平行于和垂直于 1/4 波片光轴的线偏振光。

当 $\alpha = \pi/4$ 时，出射光为圆偏振光。

当 α 为其他值时，出射光为椭圆偏振光，椭圆的两轴分别与晶片的光轴平行及垂直。

三、起偏器、检偏器及马吕斯定律

偏振片可以将自然光变成线偏振光，这个过程称为“起偏”，用于起偏的仪器称为起偏器。鉴别光的偏振状态的过程称为“检偏”，用于检偏的仪器叫检偏器。实际上，偏振片既可以用作起偏器又可以作为检偏器使用，如图 4.16.4 所示。

马吕斯定律指出，强度为 I_0 的线偏振光通过检偏器后，透射光的强度为

$$I = I_0\cos^2\theta \tag{4.16.1}$$

式中，θ 是起偏器与检偏器两者透振方向的夹角。显然，当以光线传播方向为轴转动检偏器时，透射光强度将发生周期性变化。当检偏器旋转 360°时，光强变化出现两个极大(0°和 180°的方位)和两个极小(90°和 270°的方位)，这样，根据透射光强度变化的情况，我们可以将线偏振光与自然光和其他偏振光区别开来。

【实验仪器】

半导体激光器(650nm)、偏振片(2 个)、1/4 波片(2 个)、光电接收器、数字式光功率计、光具座、遮光罩、手电筒。

【实验内容】

一、起偏和检偏，并验证马吕斯定律

1. 透过一偏振片 A 用眼睛观察自然光源，旋转 A 一周，观察并描述透过 A 的透射光强度变化情况。在光源和 A 之间加上另一个偏振片作为起偏器 P，再次旋转 A 一周，观察并描述通过 A 后的透射光强度变化情况。

2. 将光源 S，检偏器 A，光电接收器 W 依次放置，使光源发出的光透过 A 射入 W 感光孔，旋转 A 一周，观察并描述通过 A 后的透射光强度变化情况。

3. 将起偏器 P 放到激光器 S 右侧并旋至透射光强最大位置，在 P 和 W 之间加上 A 作检偏器，旋转 A 一周，观察并描述透过 A 的光强变化情况，然后与 1、2 的结果比较，根据现

象判断出三种被检测光的振动类型，并填入表4.16.1。

4. 将起偏器P放到激光器S与接收器W之间，并旋转P至透射光功率为最大的位置，再将检偏器A置于P与接收器W之间，旋转A直到“消光”，用光电接收器接收并记录功率及A的位置读数，这时$A \perp P$，即两偏振片偏振方向夹角$\theta = 90°$，分别转动A使θ为0°、15°、30°、45°、60°、75°、90°时，用光电接收器接收透射光束并记录光功率计读数。将记录填入表4.16.1中，与马吕斯定律得出的理论值比较，得出结论。

二、圆偏振光、椭圆偏振光的产生和检验

1. 按图4.16.6，在光路上依次放好光源S，起偏器P和光电接收器W，旋转P到透射功率最大处，在P与W之间放上检偏器A，旋转A直到出现消光，即P和A正交。记录消光时的位置读数。

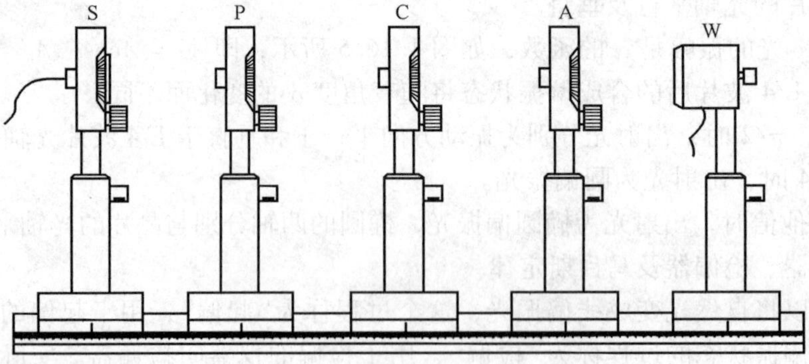

图4.16.6

2. 在P和A之间插入1/4波片C，转动C，使通过检偏器的光再次出现消光，这时1/4波片C的快轴与光矢量方向平行或垂直，记录消光时的位置读数C(0)。

3. 由消光位置C(0)开始，转动C使波片光轴与初始位置夹角α依次为15°、30°、45°、60°、75°、90°时，分别转动A360°，观察透射光强度变化，并记录两次极大值和极小值的光功率计读数。由此分析并得出各角度下从1/4波片透射出的光的偏振类型，填入表4.16.2。当C处于15°时，取出P，再转动A，观察透射光与有P时有何不同?

4. 请设计一个实验，要求用一块1/4波片产生圆或椭圆偏振光，再用另一块1/4波片将其变成线偏振光。记录实验过程和实验结果，考虑是否可以借助于1/4波片把圆偏振光和自然光(或把椭圆偏振光和部分偏振光)区分开，为什么?

三、1/2波片的作用

1. 撤去W，将A放在最右端底座上，使P处于透光最大处，A和C分别处于A(0)和C(0)位置。

2. 然后把另一个1/4波片D插在C与A之间，转动D使A的透射光再次出现消光，记下这时D的位置读数D(0)。此时C与D的快轴可能平行，也可能互相垂直。以C(0)、D(0)为起始位置，同方向转动C，D15°角，如果仍然出现消光现象，则C与D的快轴互相垂直。只需将其中一个1/4波片再转动90°，则C和D组成一个1/2波片；如不出现消光现象，说明C和D组成一个1/2波片。记录此时C和D相应的位置读数。

3. 使C和D组成的1/2波片，同步转动C和D使快轴与线偏振光振动方向之间夹角β分别为15°、30°、45°、60°、75°、90°。转动A到消光位置，记下C、D和A的位置读数。

4. 计算出线偏振光经1/2波片后振动方向转过的角度β'，说明1/2波片的作用。

【数据处理】

一、起偏和检偏，验证马吕斯定律(表 4.16.1)

表 4.16.1

被检测光	转动检偏器 A 一周的过程中观察并记录透射光强变化情况以及有无消光现象					光的振动类型	
自然光源							
光源 S							
S 透过 P 后							
P 与 A 两者透振方向夹角 θ	0°	15°	30°	45°	60°	75°	90°
光功率 $I(\theta)$ /mW							
实验值 $I(\theta)/I(0°)$							
理论值 $I/I_0 = \cos^2\theta$							

讨论：强度为 I_0 的线偏振光通过检偏器后，透射光的强度是否满足 $I = I_0\cos^2\theta$ ，是否符合马吕斯定律的规律？

二、圆偏振光、椭圆偏振光的产生和检验(表 4.16.2)

表 4.16.2　A(0) = ＿＿＿＿；C(0) = ＿＿＿＿

波片转过角度 α	A 转动 360°透射光功率读数/μW				光的偏振类型
	I_{max}	I_{min}	I_{max}	I_{min}	
15°					
30°					
45°					
60°					
75°					
90°					

设计实验区分圆偏振光和自然光，椭圆偏振光和部分偏振光。(提示：用一块 1/4 波片产生圆或椭圆偏振光，再用另一块 1/4 波片将其变成线偏振光。)考虑是否可以借助于 1/4 波片把圆偏振光和自然光，或把椭圆偏振光和部分偏振光区分开，为什么？记录实验过程和实验结果，请写出检验方法，步骤和现象。

三、1/2 波片的作用(选作，表 4.16.3)

表 4.16.3　A(0) = ＿＿＿＿；C(0) = ＿＿＿＿；D(0) = ＿＿＿＿

1/2 波片快轴与线偏振光振动方向夹角 β	1/2 波片 D 位置读数	1/2 波片 C 位置读数	消光时 A 的位置读数	线偏振光经 1/2 波片后振动方向转过角度 β'
15°				
30°				
45°				
60°				
75°				
90°				

请解释实验结果，说明1/2波片的作用。

【思考题】

一、下列情况下理想起偏器、理想检偏器两个光轴之间的夹角为多少？

1、透射光是入射自然光强的1/30。

2、透射光是最大透射光强的1/3。

二、如果在互相正交的偏振片P_1、P_2中间插进一块1/4波片，使其光轴跟起偏器P_1的光轴平行，那么，透过检偏器P_2的光斑是亮的、还是暗的？为什么？将P_2转动90°后光斑的亮暗是否变化？为什么？

三、设计一个实验装置，用来区别自然光、圆偏振光、圆偏振光加自然光、椭圆偏振光加自然光、线偏振光加自然光等五种光。

实验十七　迈克尔逊干涉仪的调整与使用

迈克尔逊干涉仪是美国物理学家迈克尔逊在1881年为研究光速问题而设计的。在物理学史上，迈克尔逊曾用自己发明的光学干涉仪器进行实验，精确地测量微小长度，否定了“以太”的存在，这个著名的实验为近代物理学的诞生和兴起开辟了道路，1907年迈克尔逊获诺贝尔奖。迈克耳逊干涉仪是对近代物理发展和现代计量技术有着重要影响的光学仪器。它的设计构思和调整方法对测量技术都有重要意义

【实验目的】

一、了解迈克尔逊干涉仪的结构和工作原理，学会它的调整方法和技巧。

二、了解非定域干涉和等厚干涉条纹形成的条件和它们的变化规律。

三、学习用迈克尔逊干涉仪测量He－Ne激光的波长。

四、测量钠光双线的波长差。

【实验原理】

一、迈克尔逊干涉仪的光路

迈克尔逊干涉仪是一种分振幅双光束的干涉仪，其光路如图4.17.1所示。由光源S发出的光射到分束镜G_1上，G_1的后表面镀有半反射膜(银或铝等)，将入射光波一分为二，反射光(1)和透射光(2)。两者为强度近于相等的相干光。当入射光以45°角射向G_1时，光波(1)和光波(2)相互垂直。它们经反射镜M_1和M_2反射后相遇发生干涉，我们在相遇区域便能观察到干涉图样。图中的G_2为补偿板，它与分束镜G_1的物理性质及几何形状完全相同且平行放置，但不镀半反射膜。其作用是使光波(1)、光波(2)在玻璃中的光程完全相等，它们之间的光程差只由除G_1、G_2外的光程决定。M'_2是M_2被G_1反射后成的虚像。从观察者来看，两相干光波可等效视为由M_1和M'_2反射而来。

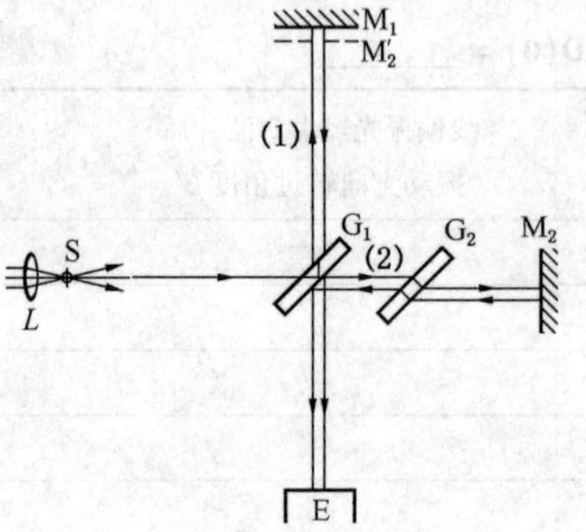

图4.17.1

二、迈克尔逊干涉仪的干涉图样

1. 非定域干涉条纹

若 M_1 与 M_2 严格垂直，则 M_1 与 M'_2 严格平行，其等效光路图如图 4.17.2 所示，点光源经平面镜 M_1、M_2 反射后，相当于由两个点光源 S_1' 和 S_2' 发出的相干光束。S_1' 是 S 经 G_1 与 M_1 所成的虚像。S_2' 是 S 经 G_1 与 M'_2 所成的虚像。由图 4.17.3 可知，只要观察屏放在两点光源发出光波的重叠区域内，都能看到干涉现象，故这种干涉称为非定域干涉。

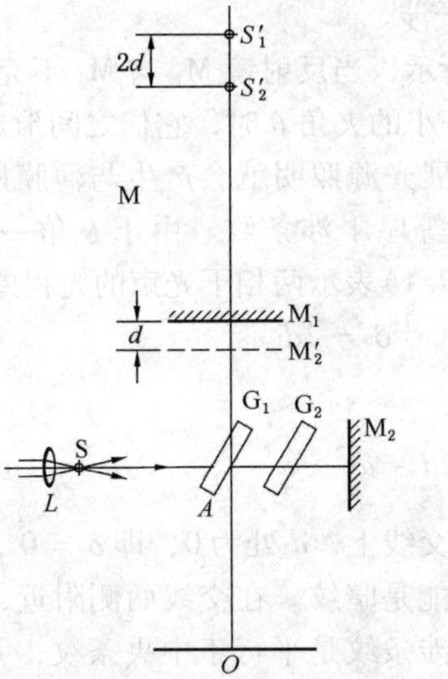

图 4.17.2　点光源干涉光路图

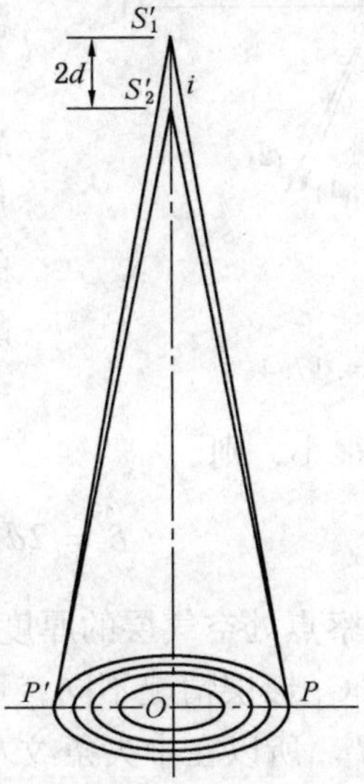

图 4.17.3　点光源产生的干涉条纹

如图 4.17.3 所示，S_1' 和 S_2' 到屏上任一点 P 的光程差为 $\delta = S'_1P - S'_2P$，当 $OP \ll OS_2'$ 时，有

$$\delta = 2d\cos i \tag{4.17.1}$$

根据光的干涉条件，当

$$2d\cos i = \pm\begin{cases} k\lambda & (k = 1,2,\cdots\cdots) \quad 亮纹 \\ (2k+1)\dfrac{\lambda}{2} & (k = 0,1,2,\cdots\cdots) \quad 暗纹 \end{cases} \tag{4.17.2}$$

由式(4.17.2)可知，当 d 一定时，光程差 δ 只取决于入射角 i。具有相同入射角 i 的光线，光程差相同，因而将形成同一条干涉条纹。若 M_1 与 M_2 垂直，在屏上观察得到的是一组明暗相间、同心圆环状的干涉条纹。由于 i 越小，$\cos i$ 越大，相应的光程差也越大。因而对应的等倾干涉条纹的级次也越大。特别在 $i = 0$ 时，光程差最大，即同心环状的干涉环条纹在环心处的条纹级次最高，越靠近边缘的条纹级次越低。

当 M_1 向 M'_2 靠近，即距离 d 减小时，则为保持 $2d\cos i$ 为常数，$\cos i$ 必须增大，干涉环中心级次 k 将降低，条纹沿半径向内移动，因此可以看到条纹随 d 减小而逐渐缩于中心处，同时整体条纹变粗变稀；反之，距离 d 增大时，圆环自中心"冒出"，并向外扩张，整体条纹逐渐变细、变密。

从数量上看，如果 d 减小或增大半个波长时，光程差就减小或增大一个波长，对应就有一条条纹"缩进"中心或从中心"冒出"，如果 d 有如下变化，即：

$$\Delta d = N\frac{\lambda}{2} \tag{4.17.3}$$

对应就有 N 个条纹"缩进"或"冒出"。根据这个原理，可以进行仪器校准、长度计量或波长的测量。

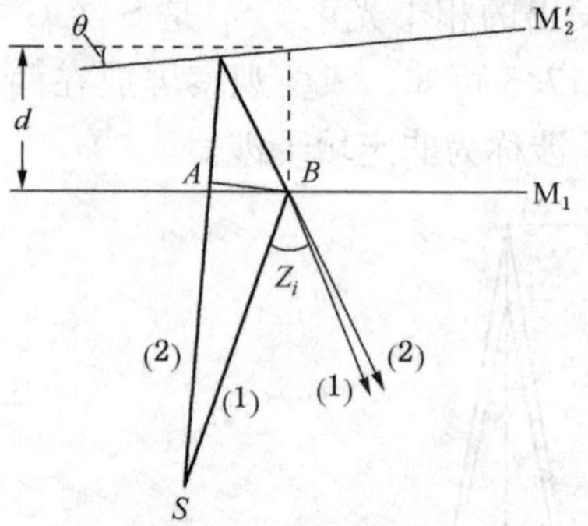

图 4. 17. 4

2. 定域干涉条纹

迈克尔逊干涉仪由扩展光源照明时，所产生的干涉与 M_1、M'_2 间空气薄膜产生的干涉相同。干涉条纹将定域于无限远处（等倾干涉）或空气薄膜表面附近（等厚干涉），称之为定域干涉。

如图 4. 17. 4 所示，当反射镜 M_1 与 M_2 不完全垂直，M_1 与 M'_2 之间成一小的夹角 θ 时，它们之间形成一个锲形空气薄膜，用扩展光源照明就会产生与薄膜厚度对应的干涉条纹，称为等厚干涉条纹。由于 θ 角一般较小，故可近似由式(4. 17. 1)表示两相干光束的光程差：

$$\delta = 2d\cos i$$

若入射角 i 很小，则

$$\delta = 2d\left(1 - 2\sin^2\frac{i}{2}\right) = 2d - di^2 \qquad (4.17.4)$$

其中 d 为观察点处空气层的厚度，在 M_1 与 M'_2 的交线上，d 处为0，即 $\delta = 0$，产生中央直条纹。由于 G_1 镀层情况不同，可能是亮纹，也可能是暗纹。在交线两侧附近，d、i 都很小，故 $\delta = 2d$。所以在中央条纹左右两旁附近的干涉条纹是平行于中央条纹，并等距离分布的直线条纹。

干涉条纹的明暗和间距与波长有关。当用白光作为光源时，各种不同波长的光所产生的干涉条纹明暗会相互交错重叠，所以一般只能在中央条纹两旁看到对称的几条彩色直线条纹，稍远就看不见明暗相间的干涉条纹了。

3. 非单色光产生的干涉图像

以上讨论的都是单色光（如 He - Ne 激光）的干涉情况。在此条件下，在相当大的范围内粗调手轮和微调手轮，均可看到清晰的同心圆干涉条纹，即可见度不发生变化。对于含有一个波长以上的非单色光，例如钠光就有两个波长各为 λ_1 和 λ_2 且强度相等的光波，而且波长差 $\Delta\lambda = \lambda_1 - \lambda_2$ 很小。则我们所观察到的干涉图样将是 λ_1 和 λ_2 两单色光分别形成的干涉条纹图样的叠加结果。当 d 从很小逐渐增大时，两套干涉条纹逐渐错开。光强 I 的分布如图 4. 17. 5 所示。合成光强中 I_{max} 与 I_{min} 相差越大，则条纹越清晰可见。定义条纹的视见度为：

$$V = \frac{(I_{max} - I_{min})}{(I_{max} + I_{min})}$$

显然当暗条纹强度 $I_{min} = 0$ 时，$V = 1$，此时视见度最大，条纹最清晰。

假如 d 逐渐增大到某一值 d_1，波长为 λ_1 的光波在视场中心某处形成亮条纹，而波长为 λ_2 的光波恰好在此处形成暗条纹，即光程差恰好满足：

$$\delta_1 = 2d = k_1\lambda_1 = k_2\lambda_2 \pm \frac{\lambda_2}{2} \qquad (4.17.5)$$

这时在合成图样中 $I_{max} = I_{min}$，如图 4. 17. 6 所示，此时视见度 $V = 0$。当 d 继续增大，两套干涉图样相对移动又使视场中合成图样的视见度 $V \neq 0$；再继续增大 d 到另一值 d_2 时，可见度再次降为零，此时光程差必然满足

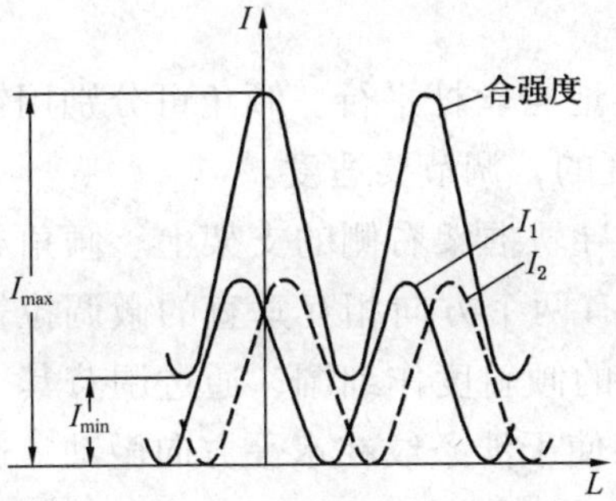

图 4.17.5

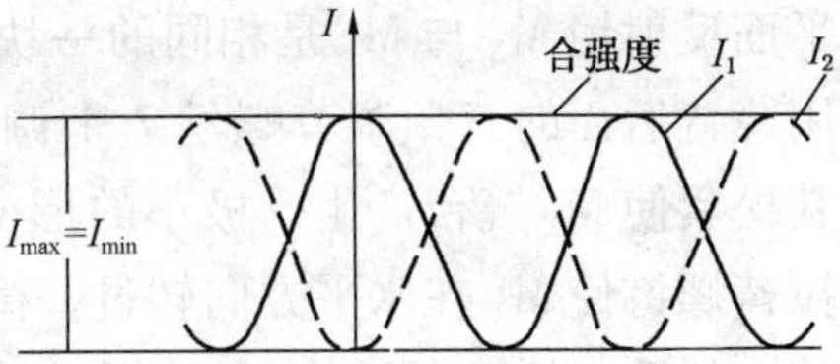

图 4.17.6

$$\delta_2 = 2d_2 = (k_1 + k)\lambda_1 = \left[(k_2 \pm \frac{1}{2}) + (k+1)\right]\lambda_2 \tag{4.17.6}$$

由式(4.17.5)、式(4.17.6)两式可知，当连续出现两次 $V = 0$ 时，M_1 和 M'_2 之间的距离 d 改变了 $\Delta d = d_2 - d_1$，

而光程差改变了 $\delta_2 - \delta_1 = k\lambda_1 = (k+1)\lambda_2$，由此可得

$$\lambda_1 - \lambda_2 = \frac{\lambda_1\lambda_2}{\delta_2 - \delta_1} \tag{4.17.7}$$

因为 $\Delta\lambda = |\lambda_2 - \lambda_1|$，所以式(4.17.7)可写成

$$\Delta\lambda = \frac{\bar{\lambda}^2}{2\Delta d} \tag{4.17.8}$$

式中 $\bar{\lambda} = \frac{\lambda_1 + \lambda_2}{2}$ 为两种光波的平均波长。由式(4.17.8)可知，如果平均波长已知，只须在干涉仪上测得连续两次视见度为零，以及 M_1 所移动的距离 Δd，即可求得该光波的波长差 $\Delta\lambda$。

三、迈克尔逊干涉仪的结构

迈克尔逊干涉仪有多种多样的形式，其基本结构如图 4.17.7 所示。

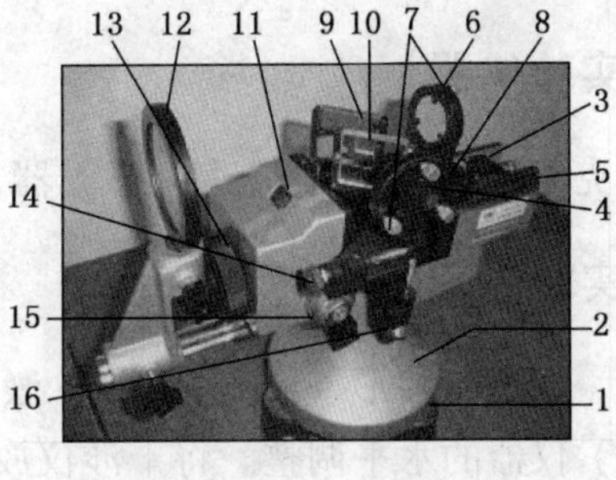

图 4.17.7

1—调平螺丝；2—底座；3—精密螺杆；4—反射镜 M_2；5—导轨；6—反射镜 M_1；7—调节螺丝；8—滑块；9—分束镜 G_1；10—补偿板 G_2；11—读数窗口；12—像屏；13—粗调手轮；14—水平拉簧螺钉；15—微调鼓轮；16—垂直拉簧螺钉

1. 底座

底座由生铁铸成，较重，确保了仪器的稳定性，下面三个调平螺丝可调节其角度使其保持水平。

2. 导轨

导轨由两根平行的长约 280mm 的框架和精密螺杆组成，被固定在底座上，精密丝杆穿过框架正中，丝杆的一端与齿轮系统相连接，转动手轮或微调鼓轮都可使丝杆转动，从而带动滑块及固定在滑块上的反射镜 M_1 沿着导轨移动。

3. 滑块

滑块是一块平板，反面做成与导轨吻合的凹槽，装在导轨上，下方是精密螺母，丝杆穿过螺母，当丝杆旋转时，滑块能前后移动，带动固定在其上的平面反射镜 M_1 在导轨面上滑动。

4. 平面反射镜

平面反射镜 M_1 垂直地固定在滑块上，它的法线严格地与丝杆平行。倾角可分别用镜背后面的三颗调节螺丝来调节，各螺丝的调节范围是有限度的，调节要适度。

平面反射镜 M_2 与 M_1 是相同的一块平面镜，固定在导轨框架右侧的支架上。倾角亦可分别用镜背后面的三颗调节螺丝 7 来调节，镜台下还装有两个方向相互垂直的微调拉簧螺丝，其松紧使 M_2 镜台产生一极小的形变，从而可对 M_2 的倾斜度作细调，通过调节其上的水平拉簧螺钉使 M_2 在水平方向转过一微小的角度，能够使干涉条纹在水平方向微动；通过调节其上的垂直拉簧螺钉使 M_2 在垂直方向转过一微小的角度，能够使干涉条纹上下微动，但其改变 M_2 的镜面方位很小。

5. 分光板和补偿板

分束镜 G_1 和补偿板 G_2 严格平行放置，其材料与厚度完全相同，G_1 的内表面为半反射面，从而使入射光分成振幅和光强基本相等的反射光束和透射光束，并且与 M_1 和 M_2 两镜均呈 45°角。

6. 读数系统

（1）平面反射镜 M_1 的移动距离的毫米数可在机体侧面的毫米刻尺上直接读得。

（2）粗调手轮转一周，M_1 移动 1mm，同时，读数窗口内的鼓轮也转动一周，鼓轮的一圈被等分为 100 格，每格为 10^{-2}mm。

（3）微调手轮每转过一周，M_1 移动 0.01mm，可从读数窗口中的读数鼓轮读数。微调鼓轮的周线被等分为 100 格，每格表示为 10^{-4}mm，需要估读一位。最后读数为上述三者之和。

7. 附件

手轮前方可安装观察屏，用来接收干涉条纹。

【实验仪器】

迈克尔逊干涉仪，He－Ne 激光器，扩束镜，白光源，钠光灯，接收屏等。

【实验内容】

一、用等倾圆形条纹测 He－Ne 激光波长

（1）仪器的水平调整。将干涉仪放置于工作台上，使导轨尽量与工作台前边缘垂直。目视观察，调节底座螺钉 1 使仪器水平。

（2）光路调整：转动手轮 13 将反射镜 M_1 调至 30mm 附近某一位置，使 M_1、M_2 镜与分束镜 G_1 上反射膜的距离大致相等；打开 He－Ne 激光器，调节其高度和倾角，使激光束沿水平方向垂直于导轨入射到分束镜 G_1 的中部。这时在观察屏上能看到分别由 M_1、M_2 镜反射的两个圆形最亮光斑(视场中还有较暗的光斑，调整时可不管它们)；调节 M_1、M_2 镜背面的 3 个螺钉，使两个圆形最亮光斑完全重合，这时 M_2 镜与 M_1 镜大致垂直。反复仔细地调整，直到观察屏上出现干涉条纹。微调 M_2 镜背面的螺钉，使条纹变圆、变粗。若眼睛上下或左右晃动观察时看到有条纹“冒出”或“缩进”，则需要细调 M_2 镜台下的水平与垂直拉簧螺丝，直到眼睛晃动观察时无条纹移动，说明 M_1 镜与 M_2 镜完全垂直。

(3) 读数系统的调整。转动微动鼓轮时，手轮会随之转动；但转动手轮时，鼓轮并不随之转动。为了避免空程差，在整个测量过程中只能以同方向转动鼓轮使 M_1 镜移动，不能反向转动鼓轮，更不能直接转动手轮。而且开始测量前应将鼓轮按原方向转动若干周，直到干涉条纹稳定移动后方可开始计数测量。

完成上述调整后，缓慢转动鼓轮让调好的非定域圆形干涉条纹从中心"冒出"或"缩进"，获得清晰的、对比度很好的圆环后，慢慢顺时针微调转轮，观察视场中心条纹一个个冒出(或缩进)。开始数条纹时，记下 M_1 的位置的 d_0，继续沿原方向转动微调转轮，数圆环冒出的数目，直到 50 个时，停止转动转轮，记下 M_1 的位置 d_1…重复上述步骤 10 次，用逐差法求出 Δd，计算 He - Ne 激光波长 $\overline{\lambda}$，计算不确定度并正确表达测量结果。

二、观察等倾干涉图样，用等倾干涉条纹测量钠黄光双线的波长差

(1) 关闭激光电源，撤掉 M_1 正前方竖起的观察屏，放上钠光灯。

(2) 钠光灯前放上毛玻璃，使球面经过磨砂玻璃的漫散射使其形成扩展光源，调出等倾干涉条纹。

(3) 测量：转动微调鼓轮，将条纹调至最不清晰的混叠区，记下 M_1 的位置 d_1，继续移动 M_1 使条纹逐渐变清晰，再至最不清晰。记下 M_1 的位置 d_2，重复 5 次，用逐差法求相邻两次最不清晰区的移动距离 Δd，并由 $\Delta\lambda = \frac{\overline{\lambda}^2}{2\Delta d}$ 计算钠光双线的波长差，将实验结果与标准值 $\Delta\lambda_{标准} = 0.597\text{nm}$ 作比较，求相对误差 B。

三、调节和观察等厚干涉条纹和白光彩色条纹(选做内容)

完成上述测量后，转动粗动手轮 13，使圆形条纹收缩，条纹变粗变大。使只剩下一个粗大圆环，此时 M_1 与 M'_2 相隔很近，d 很小。调节拉簧螺钉 14、16 使 M_1、M'_2 有一很小的夹角。缓慢转动粗动手轮使 M_1 镜向前(即向着 G_1 方向)移动，使弯曲条纹逐渐向圆心移动，直到视场中 M_1 镜上出现直线干涉条纹，这就是等厚干涉条纹。将光源换成扩展白光光源，就可能看到白光产生的彩色干涉条纹。如果看不到，则可按原来移动方向转动微动手轮使 M_1 使 d 继续减小，直到视场内出现干涉条纹为止。进行此项测量时，由于白光干涉条纹很少，所以调节必须特别耐心细致，切忌急躁。

【注意事项】

(1) 迈克耳逊干涉仪是精密光学仪器，使用前必须先熟悉使用方法，然后再动手调节。

(2) 实验中眼睛不要正向直视激光束，以免造成伤害。

(3) 在调节和测量过程中，一定要非常细心，特别是转动粗、微调手轮时要缓慢、均匀。为了避免转动手轮时引起空程，则在使用中必须沿同一方向旋转手轮，不得中途倒转。若需要反向测量，应重新调整零点。

(4) 注意保护各镜面，严禁用手触摸，更不能碰坏，镜面若有浮尘，可用吹风球吹去。

(5) 改变 d 时，不得将滑块调到滑轨尽头，以免损坏仪器。

(6) 实验前和实验结束后，所有调节螺丝均应处于放松状态，调节时应先使之处于中间状态，以便有双向调节的余地，调节动作要均匀缓慢。

【数据处理】

一、记录表格(表 4.17.1)

表 4.17.1 单位换算: 1nm = 10^{-9}m

条纹移动数	0	50	100	150	200
M_1 位置 d_1/mm					
条纹移动数	250	300	350	400	450
M_1 位置 d_2/mm					
$\Delta d = \lvert d_2 - d_1 \rvert$/mm					
$\lambda = \frac{2\overline{\Delta d}}{N}$/nm					

平均值 $\overline{\Delta d} = \frac{\sum_{i=1}^{n} d_{ii}}{n} =$ ________ mm

测量不确定度 $u_A(\overline{\Delta d}) = \sqrt{\frac{\sum_{i=1}^{5}(\Delta d - \overline{\Delta d})^2}{5 \times (5-1)}} =$ ________ mm

$$u_B = \frac{\Delta_{仪}}{\sqrt{3}} = \_\_\_\_\_\_\_\_ \text{ mm}$$

$$u_{(\overline{\Delta d})} = \sqrt{u_A^2(\Delta d) + u_B^2} = \_\_\_\_\_\_\_\_ \text{ mm}$$

相对不确定度 $B = \frac{u_{(\overline{\Delta d})}}{\overline{\Delta d}} \times 100\% =$ ________ , $\lambda_{标} = 632.81$ nm

测量结果 $\overline{\lambda} = \frac{2\overline{\Delta d}}{N}, N = 250$ $u_\lambda = \overline{\lambda} \times B$

$$\lambda = \lambda \pm u_\lambda = \_\_\_\_\_\_\_\_ \text{ nm}$$

$$\overline{\lambda} = \frac{(589.0 + 589.6)}{2} = 589.3\text{nm}$$

二、记录表格(表 4.17.2)

表 4.17.2

混沌区顺序	0	1	2
M_1 位置 d_1/mm			
混沌区顺序	3	4	5
M_1 位置 d_1/mm			
$3\Delta d = \lvert d_2 - d_1 \rvert$/mm			
$\Delta\lambda$/nm			

【思考题】

一、迈克尔逊干涉仪的圆形干涉条纹的疏密有何规律?试推导说明之。

二、是否所有的圆形条纹都是等倾干涉条纹?举例说明之。

三、说明等厚干涉条纹与等倾干涉条纹分别定域在何处?在实验中观察到的现象是否与此相符?

四、白光等厚，等倾干涉的同一级序条纹中，各色光的排列次序怎样？为什么？

五、在观察非定域干涉时，为什么 M'_1、M_2 间 d 增加时干涉同心圆环向外扩，反之则向内收缩？

六、在观察等厚干涉时，干涉条纹怎样随空气楔角的变化而变化？为什么有这样的变化？

实验十八　密立根油滴法测定电子电荷

著名的美国实验物理学家密立根花了七年的时间，用油滴法测量微小油滴上所带的电荷量，直接验证了电荷的不连续性，还由此测得了基本电荷

$$e = 1.60217738 \times 10^{-19}\text{C}$$

成为最重要的基本物理常数，从而为电子论奠定了直接的实验基础。

今天，我们重复密立根的工作是很有意义的。由于实验中喷出的油滴是非常微小的，难以捕捉控制和测量，因此做本实验时，不仅可以学到实验方法物理思想提高实验技能，更重要的是学习坚韧不拔锲而不舍的精神。特别是要有严谨的科学态度，严格的实验操作，准确的数据处理，才能得到满意的实验结果。

【实验目的】

一、测定电子的电荷值，并验证电荷的不连续性。

二、培养学生进行物理实验时坚韧不拔的精神和科学态度。

三、着重体会通过宏观量的测定来研究微观量的方法。

【实验原理】

用喷雾器将油喷入两块相距为 d 的水平放置的平行极板之间，油滴喷射时由于摩擦，一般会使油滴带电。设某油滴的质量为 m，所带电量为 q，当两极板未加电压时，油滴在重力作用下而向下运动，由于空气的黏滞性对油滴所产生的阻力与速度成正比，油滴下降一小段距离达到某一速度后，阻力与重力平衡(空气的浮力忽略不计)，油滴将以 v_g 匀速下降。此时有

$$F_{重} - F_{黏} = 0 \tag{4.18.1}$$

作用在油滴上的重力 $F_{重} = mg$，m 为油滴的质量。由于表面张力的作用，油滴总是呈小球状，所以有 $m = \frac{4}{3}\pi \cdot r^3 \cdot \rho$。根据斯托克斯定律：$F_{黏} = 6\pi \cdot \eta \cdot r \cdot v_g$

于是：

$$r = \sqrt{\frac{9\eta \cdot v_g}{2\rho \cdot g}} \tag{4.18.2}$$

当平行极板加上适当电压 U 以后，两极板的中心区域形成了均匀电场。若两平行极板间距离为 d，电场强度为：

$$E = \frac{U}{d} \tag{4.18.3}$$

这时悬浮在极板间，带有电量 q 的油滴，不但受到了重力作用，也同时受到电场力 qE

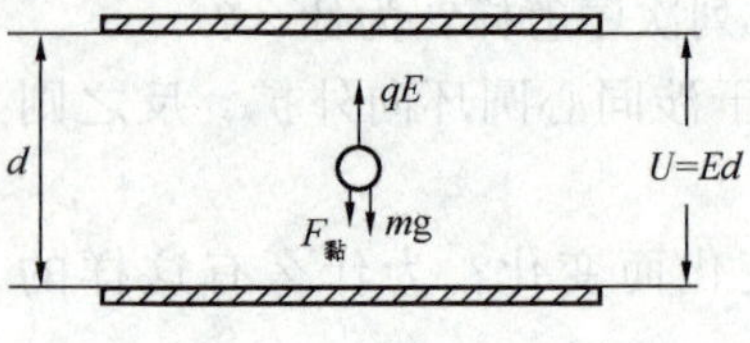

图 4.18.1　油滴的受力图

的作用。如果适当选择电压 U 的大小和方向，使 $qE > mg$，而且二者方向相反，这时油滴就会向上运动，开始油滴的速度逐渐增大，黏滞阻力也逐渐增大，当油滴速度增大到一定值 v_E 后，受力情况就会平衡。此时油滴就会以 v_E 的速度匀速上升。如图 4.18.1 所示。此时空气的黏滞阻力

$$F_{黏} = 6\pi \cdot \eta \cdot r \cdot v_E$$

这时方程有：

$$qE - mg = 6\pi \cdot \eta \cdot r \cdot v_E \text{ 或 } qE - \frac{4}{3}\pi \cdot r^3 \cdot \rho \cdot g = 6\pi \cdot \eta \cdot rv_E \quad (4.18.4)$$

将式(4.18.2)、式(4.18.3)带入式(4.18.4)，整理后可得油滴所带电量：

$$q = \frac{18\pi \cdot d \cdot \eta^{\frac{3}{2}}}{(2\rho \cdot g)^{\frac{1}{2}}} \frac{1}{U}(v_g + v_E) \cdot v_g^{\frac{1}{2}} \quad (4.18.5)$$

式中 d，g 为已知，η,ρ 都是与温度有关的数值，可以查表得到。U 以伏特为单位，可直接测量。因此只要测出油滴在极板间匀速下降一段距离所需要时间 t_g，以及极板加上电压 U 后油滴上升一段距离所需要时间 t_E，即可分别算出 v_g 和 v_E，从而可定出油滴所带电量 q。

我们在导出式(4.18.5)时，认为油滴严格服从斯托克斯定律。但是密立根在实验中发现，只有在油滴的半径与空气分子的平均自由程相比大得很多，空气可视为均匀介质时，斯托克斯定律才是正确的。在我们的实验中，r 小到 10^{-4} m 数量级，同实验条件下的空气分子平均自由程十分接近，因此要加以修正。由于空气分子间的空隙相对油滴半径不很小，于是空气对油滴阻碍作用也变小，这时可视为黏滞系数变小。用 η' 表示修正后的黏滞系数：

$$\eta' = \frac{\eta}{1 + \frac{b}{p \cdot r}} \quad (4.18.6)$$

式中，b 为修正常数，$b = 6.17 \times 10^{-6}$ m · cm 汞柱，p 为大气压，单位为厘米汞柱。由于修正项本身不十分精确，故上式 r 仍可用式(4.18.2)计算。

以式(4.18.6)中的 η' 代替式(4.18.5)中的 η，则得到修正后的油滴电量为：

$$q' = \frac{18\pi \cdot d \cdot \eta^{\frac{3}{2}}(v_g + v_E) \cdot v_g^{\frac{1}{2}}}{(2\rho \cdot g)^{\frac{1}{2}} \cdot U \cdot \left[1 + \frac{b}{p \cdot r}\right]^{\frac{3}{2}}} = \frac{K}{U} \cdot \frac{(v_g + v_E) \cdot v_g^{\frac{1}{2}}}{\left[1 + \frac{b}{p \cdot r}\right]^{\frac{3}{2}}} \quad (4.18.7)$$

其中 $K = \frac{18\pi \cdot d \cdot \eta^{\frac{3}{2}}}{(2\rho \cdot g)^{\frac{1}{2}}}$

该种测量电子电荷的方法称为动态法或升降法。不论用何种方法，实验中均是对不同油滴进行测量，以获得许多不同的 q 值：q_1，q_2，……，q_n。数据经处理后可发现，这些值都是某一电量的整数倍，即：

$$q_i = n_i \cdot e \quad (4.18.8)$$

可用合适的方法求得 e 的大小。

密立根曾经用所谓的平衡法进行测量，现简单介绍如下：

当平行极板未加电压时，油滴受重力作用而加速下降，由于空气的黏滞力对油滴产生的阻力与速度成正比，所以经过一段路程后，阻力与重力平衡，油滴匀速下降，这时有：

$$m \cdot g = 6\pi \cdot r \cdot \eta \cdot v_g \tag{4.18.9}$$

当平行极板加上电压时，调节两极板的电压 U，可使作用在油滴上的重力和静电力抵消并达到平衡，则

$$m \cdot g = q \cdot E \tag{4.18.10}$$

由式(4.18.9)、式(4.18.10)可得

$$q = \frac{6\pi \cdot r \cdot \eta \cdot v_E}{E} = 6\pi \cdot r \cdot \eta \cdot \frac{d}{U} \cdot v_g \tag{4.18.11}$$

将式(4.18.2)、式(4.18.6)代入上式得修正后的电量为：

$$q' = 18\pi\left(\frac{\eta^3}{2\rho \cdot g}\right)^{\frac{1}{2}} \frac{d}{U}\left(\frac{v_g}{1 + \frac{b}{p \cdot r}}\right)^{\frac{3}{2}} \tag{4.18.12}$$

从上式可以看出，只要测出油滴在重力作用下经过路程 S 所用时间 t，记下使油滴平衡时的电压 U，代入上式即可得油滴电量。

用平衡法时，一定要注意把平衡电压 U 调准。调好电压后，要等一会看油滴是否静止不动。若有移动，应重新调电压，直至油滴静止不动为止。

【实验仪器】

密立根油滴仪包括油滴盒、油滴照明装置、测量显微镜及 CCD 成像系统、供电电源、电子停表及喷雾器等部分组成，外形见图 4.18.2 和图 4.18.3。

图 4.18.2　密立根油滴仪外观图(一)

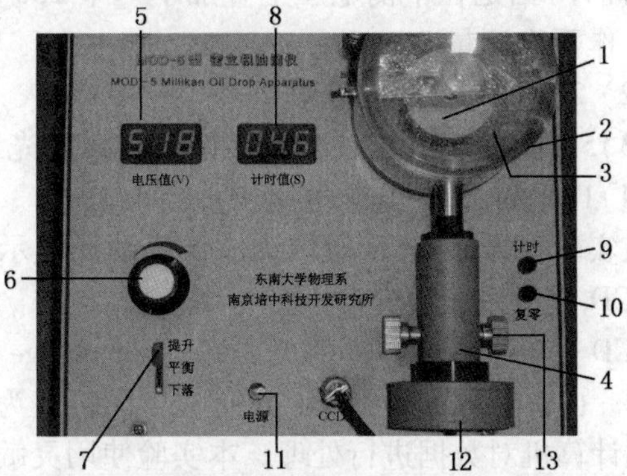

图 4.18.3　密立根油滴仪外观图(二)

1—油滴盒；2—有机玻璃防风罩；3—有机玻璃油雾室；
4—测量显微镜；5—数字电压表；6—工作电压调节旋钮；
7—工作电压选择开关；8—数字计时器；9—计时按钮；
10—复位按钮；11—电源按钮；12—CCD 摄像头；
13—显微镜调焦旋钮

油滴盒是用两块经过精磨的平行极板(上、下电极板)中间垫以绝缘环组成。绝缘环上有照明发光二极管进光孔、显微镜观察孔和紫外线进光石英玻璃窗口。油滴盒放在有机玻璃防风罩中。上电极板中央有一个 ϕ0.4mm 的小孔，油滴从油雾室经油雾孔落入小孔，进入上、下电极之间，整套装置如图 4.18.4(a)所示。油滴由高亮度发光二极管照明。

油滴盒可用调平螺丝调节水平，并由水准泡进行检查。

油滴盒防风罩前装有测量显微镜，通过绝缘环上的观察孔观察平行极板间的油滴。目镜头中装有分划板，其垂直总刻度相当于视场中的 0.300cm(每小格 0.050cm)，用以测量油滴运动的距离 l。视场所见分划板的刻度如图 4.18.4(b)所示。

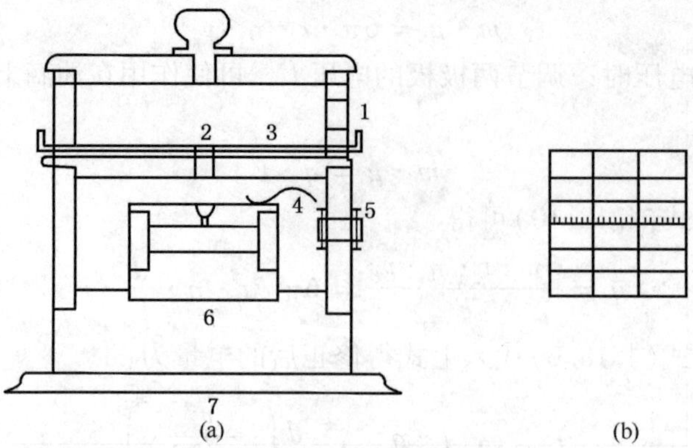

图 4.18.4

1—喷雾口；2—油雾孔；3—油雾孔开关；4—电极板压簧；5—外接电表插孔；
6—油滴盒基座；7—油滴仪面板

油滴的运动时间，由数字计时器计时。

电源部分提供四种电压：

(1) 500V 直流工作电压：接平行极板，使两极板间产生电场。该电压可连续调节，电压值从数字电压表上读出，并受工作电压选择开关控制。开关分三挡，“平衡”挡提供极板以平衡电压(在用非平衡法实验时，略使不平衡)；“下落”挡除去平衡电压，使油滴自由下落；“提升”挡是在平衡电压上叠加了一个 200V 左右的提升电压，将油滴从视场的下端提升上来，作下次测量。

(2) 200V 左右的提升电压。

(3)5V 的数字电压表，数字计时器，发光二极管等的电源电压。

(4)12V 的 CCD 电源电压。

该实验仪器用 CCD 摄像头成像，油滴显示在监视器屏幕上。

CCD 成像系统简介

CCD 是电荷耦合器件的英文缩写(即 charge - coupled device)，它是固体图像传感器件的核心器件。由它制成的摄像头，可把光学图像变为视频电信号，由视频电缆接到监视器上显示，便于用计算机对数据进行处理。本实验使用灵敏度和分辨率甚高的黑白摄像头，以及高分辨率的黑白监视器，检测油滴的运动。运动图像可以清晰逼真地显示在屏幕上，以便观察和测量。

【实验内容】

一、仪器调节

(1) 将仪器放平稳，调节调平螺丝，使水准仪气泡到中央，这时平行板处于水平位置，电场方向和重力方向平行。

(2) 打开密立根油滴仪及其监视器电源，预热一段时间。

(3) 将电压选择挡置于“下落”挡，将油从油雾室旁的喷雾口喷入，微调 CCD 聚焦手轮，这时监视器屏幕上会出现大量清晰的油滴图像。

二、选择和控制油滴

(1) 在测数据之前，先给平行极板加上 220V 左右的电压。由于视场中油滴太多，无法测量，所以用平衡电压改变平行极板上的极性，去掉不合适的油滴(运动太快或太慢)，对剩下较少的油滴进行测试。

(2) 选择油滴的大小要合适。太大，下降速度太快，时间测不准；太小，会因热扰动和布朗运动使测量时涨落太大。为此，选择油滴的标准是尽可能使其带电量少为好。判断的方法是极板上加上较高电压(220V 以上)后，油滴反向运动的速度也不是太大，这表示油滴所带电荷不多。

三、用“升降法”(“反转法”)测量

(1) 测量下降速度 v_g，即测量油滴下降一段距离所需要的时间 t_g。为了保证油滴下降时速度均匀，应让它下降一小段距离，再开始计时。因为 t_g 有较大的涨落，一般对一个油滴要测五次以上，以平均值带入计算。

(2) 测量加压后上升速度 v_E，先定一个电压(挑选油滴时已定)。测量一次下降时间 t_g 后，油滴下降到极板附近，而后迅速加上电压。等油滴上升一段距离后开始计时，上升四格后停止计时，测出 t_E，这样交替进行。t_g，t_E 测五次以上，求出 t_g、t_E 的平均值，代入式(4.18.7)计算 q 值。

四、用“平衡法”测量

平衡法测量时，应仔细调节平衡电压值，使油滴悬于分划板某一条横线附近，并且过一段时间，看油滴是否平衡。若平衡，去掉平衡电压，让油滴匀速下降，测出时间 t_g，然后再加平衡电压和升降电压，使油滴上升到所需位置。这样反复多次，测出平均 t_g，代入公式(4.18.12)计算 q。

【数据处理】

一、升降法数据表格(表 4.18.1)

表 4.18.1

油滴次数		1	2	3	4	5	平均值	提升电压/V
1	上升时间 t_E/s							
	下降时间 t_g/s							
2	t_E/s							
	t_g/s							
3	t_E/s							
	t_g/s							
4	t_E/s							
	t_g/s							

二、平衡法数据表格(表 4.18.2)

表 4.18.2

油滴次数		1	2	3	4	5	平均值
1	平衡电压 U/V						
	下降时间 t_g/s						
2	U/V						
	t_g/s						

计算出来每个油滴所带电荷 q_i 之后，用 e 的公认值去除，得到每个油滴所带电荷数目的近似 n_i (以四舍六入，逢五配双的方法取整)，从而得出 $e_i = \dfrac{q_i}{n_i}$，然后取平均值。若测得的数据 n_i 值不大，可以通过求 q_i 的最大公约数的方法得出 e 值。所用表格如表 4.18.3 所示。

表 4.18.3

电荷序号	电量/($\times10^{-19}$C)	电荷数/个	油滴半径/($\times10^{-7}$m)	基本电荷 e_i/($\times10^{-19}$C)
1				
2				
3				
4				
5				
6				

本实验要求对每一个油滴测五次以上，至少要测 6 个以上油滴，并且进行误差分析，对实验结果给出合理的评价。由实验室给出的数据卡片记录下 $\eta, d, v, l, p, g, b, \rho$ 的值。

【思考题】

一、在实验中，为什么要对斯托克斯定律加以修正？

二、对选定的油滴进行测量时，有时油滴为什么变模糊？应该怎样调整？

三、选择油滴有什么要求？对实验结果有影响吗？为什么？

实验十九　光电效应法测定普朗克常数

1887 年，赫兹首先在实验中发现了光电效应现象。1905 年，年仅 26 岁的爱因斯坦创造性地把普朗克量子假说用于光电效应，提出了“光量子”概念，成功地解释了光电效应的基本规律，建立了光电效应方程。10 年以后，密立根利用光电效应对普朗克常数进行了精确的测量，令人信服地用实验证实了光电效应理论的正确性。这两位著名的科学家都因为在光电效应方面的杰出贡献分别于 1921 年和 1923 年获得了诺贝尔物理学奖。

光电效应理论的创立对近代物理学的发展起到了巨大的推动作用。利用光电效应制成的各种光电元、器件在国民经济各领域得到了广泛的应用。

【实验目的】

一、进一步理解光的量子性和爱因斯坦光电效应方程。

二、学习测量普朗克常数的方法。

三、掌握小型光栅单色仪和微电流计的调节方法。

【实验原理】

一、光电效应和爱因斯坦方程

一定频率的光照在金属表面上，金属表面释放出电子的现象，称为光电效应。光电效应产生的电子称为光电子，由光电子形成的电流称为光电流。

图 4.19.1 中 GD 为光电管，K 为阴极，A 为阳极，G 为微电流计，V 为电压表，R 为滑线变阻器。调节 R 可使 A、K 之间获得由 $-U$ 经过 0V 到 U 连续变化的电压。当一定光强的单色光照射光电管的阴极时，阴极释放出光电子，并在电场作用下向阳极漂移，于是在回路中产生光电流。

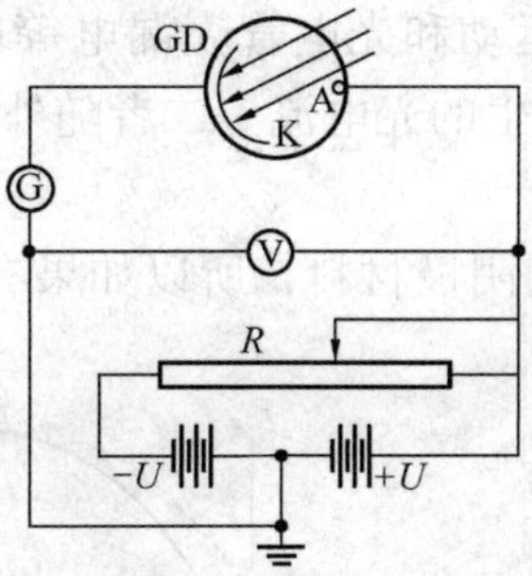

图 4.19.1

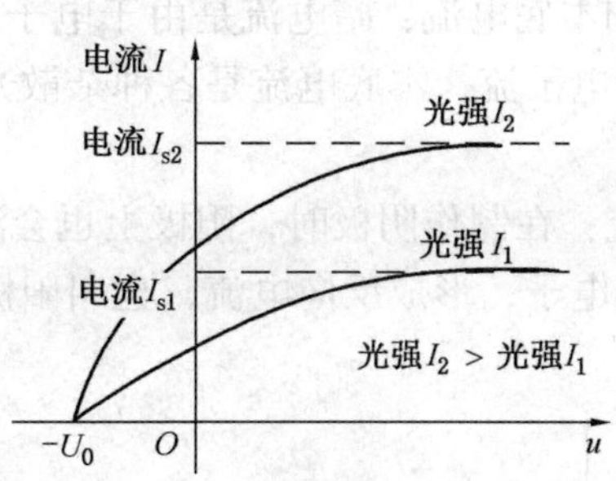

图 4.19.2

从实验中归纳出四条光电效应的基本规律：

1. 光强一定时，随着光电管两端电压的增加，光电流趋于一个饱和值。对于不同的光强，饱和光电流与光强成正比(见图 4.19.2)。

2. 当光电管两端加反向电压时，光电流迅速减小，但不立即降为零，直至反向电压达到 U_0 时，光电流才为零，U_0 称为截止电压。这表明此时具有最大动能的光电子刚好被反向电场所阻挡。于是有

$$\frac{1}{2}mV_{\max}^2 = eU_0 \tag{4.19.1}$$

3. 改变入射光的频率 ν，截止电压 U_0 随之改变，U_0 与 ν 成线性关系，如图 4.19.3 所示。实验表明，无论光强多大，照射时间多长，只有入射光频率 ν 大于 ν_0时，才能产生光电效应，ν_0 称为截止频率。其对应的波长称为截止波长，也叫红限。对于不同的金属阴极，ν_0 值也不同。但这些 $U_0-\nu$ 直线的斜率都相同。

4. 光电效应是瞬时效应。频率大于截止频率 ν_0 的光一照到阴极上，立即有光电子产生。

上述光电效应的基本规律是光的波动理论不能解释的。爱因斯坦的光量子假说成功地解释了这些实验规律。假设光束是由能量为 $h\nu$ 的光子组成的，其中 h 是普朗克常数。当光束照射在金属时，光子一个一个地打在金属表面，金属中的电子要么不吸收能量，要么就吸收一个光子的全部能量。只有当能量大于电子摆脱金属表面约束所需要的逸出功 W 时，电子才能以一定的初动能逸出金属表面。根据能量守恒有

$$h\nu = \frac{1}{2}mV_{\max}^2 + W \tag{4.19.2}$$

此式称为爱因斯坦光电效应方程。当 $U=U_0$ 时，入射光频率 $\nu \geqslant W/h = \nu_0$，将式(4.19.1)代入式(4.19.2)，则此式可改写为

$$h\nu = eU_0 + W$$

$$U_0 = \frac{h}{e}\nu - \frac{W}{e}$$

此式表明截止电压 U_0 和光频率 ν 成线性关系。

本实验要求测出光电管在不同波长下的 $U-I$ 曲线，从而确定 U_0，再做 U_0 和 ν 的关系曲线，如为一条直线，就验证了爱因斯坦光电效应方程，并由直线斜率求出普朗克常数。

二、光电管的实际伏安特性曲线

光电管的实际伏安特性曲线(图 4.19.4)比图 4.19.2 的曲线复杂，因为实际测得的电流除了阴极电流以外，还包括：

1. 暗电流和本底电流：暗电流是由于电子的热运动和光电管壳漏电等原因使其阴极未受光照时产生的电子流；本底电流是各种杂散光所产生的光电流。二者随外加电压的变化而变化。

2. 反向电流：在制作阴极时，阳极上也会溅射到阴极材料，所以如果有光射到阳极上，阳极也会发射光电子，形成反向电流，也叫阳极电流。

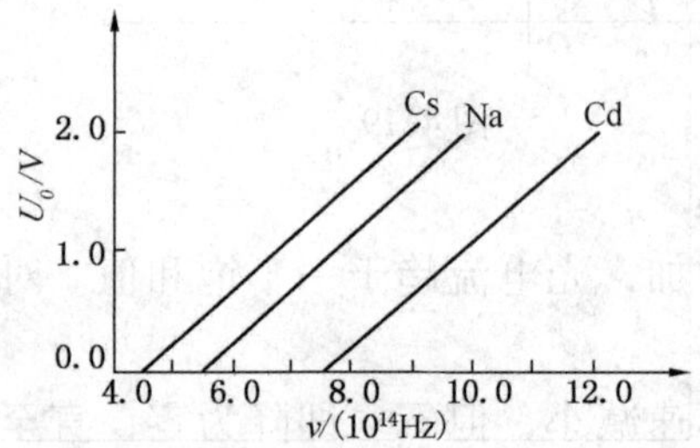

图 4.19.3

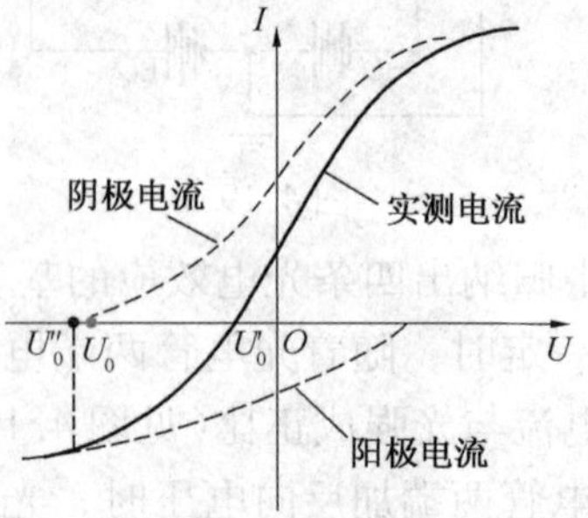

图 4.19.4

如图 4.19.4，实测电流(实线)为零处阴极电流并不为零，此时的电压 U_0'也不是截止电压；只有接近实测电流下饱和区段的拐点时，阴极电流才为零，该点对应的电压才是截止电压。我们使用的光电管虽然反向电流比较大，但在结构设计上能使反向电流很快达到饱和，实际伏安特性曲线在反向电流进入饱和段后有明显的拐点，此拐点对应的电压 U_0''便是截止电压 U_0。

【实验仪器】

本实验所用仪器为 GD—Ⅲ型普朗克常数测定仪。它由测定仪(包含电压表和微电流计)及汞灯、滤色片、光阑、光电管等组成。

【实验内容】

一、开机前的准备：断开电流输入电缆，将“电流调节”开关置“短路”，“电压调节”逆时针调到底。

二、打开微电流测量放大器电源开关，预热 20 ~ 30min；打开光源开关，让汞灯预热。

三、“调零、校准和测量”转换开关置“调零校准”挡：

“电流调节”开关置“短路”挡，调节“调零”旋纽使电流表指示为 0。

“电流调节”开关置“校准”挡，调节“校准”旋钮使电流指示 - 100。“调零”和“校准”反复调整，使之都能满足要求，然后置“调零、校准、测量”开关于测量挡进行测量。旋动“电流调节”开关于各挡，电流表指示都应为零(在 10^{-7}挡因零漂，指示不大于 4)。

四、接通电流输入电缆，让光源出射孔对准暗盒窗口，并让暗盒距离光源约 20 ~ 25cm，调节光阑转盘，使光阑为 ϕ5mm。

五、换上滤色片，测量放大器“电流调节”置“10^{-6}”或“10^{-5}”，“电压调节”从最小值(- 3V)调起，缓慢改变电压，观察电流变化。在电流开始升高点附近，增加测量点的密度，以使作图精确。电流变成正值后，加大测量点的间隔。滤色片从短波长起逐次更换(365nm、405nm、436nm、546nm、577nm)，每换一枚滤色片读出一组 $I - U$ 值。

六、在坐标纸作出 $I - U$ 曲线，从曲线中认真审视曲线的拐折处，找出拐折处的电压 U_0。

七、再用坐标纸作出 $U_0-\nu$ 曲线，从曲线的斜率 K 求出普朗克常数 h，$h=eK$。

【数据处理】

所测数据填入表 4. 19. 1 和表 4. 19. 2。

表 4. 19. 1　不同波长下电压和光电流数值　　　　$L=$　　　　$\Phi=5\text{mm}$

365 nm	U/V											
	$I/(10^{-12}\text{A})$											
405 nm	U/V											
	$I/(10^{-12}\text{A})$											
436 nm	U/V											
	$I/(10^{-12}\text{A})$											
546 nm	U/V											
	$I/(10^{-12}\text{A})$											
577nm	U/V											
	$I/(10^{-12}\text{A})$											

按照表 4. 19. 1 中的数据，在坐标纸上做出光电管关于不同波长的伏安特性曲线，并从这些曲线找到截止电压的值，填入表 4. 19. 2。根据表 4. 19. 2，在坐标纸上作出 $U_0-\nu$ 关系图，如得一直线，则说明实验结果与爱因斯坦光电效应方程是相符的。该直线的斜率乘以电子电荷（$e=1.602\times10^{-19}\text{C}$），即得到普朗克常数。普朗克常数公认值为 $h_0=6.626069\times10^{-34}\text{J}\cdot\text{s}$，将普朗克常数的实测值与公认值进行比较，求出

$$\Delta h=|h-h_0|$$

$$\frac{\Delta h}{h_0}=\frac{|h-h_0|}{h_0}$$

表 4. 19. 2　不同频率入射光的截止电压

波长/nm	365	405	436	546	577
频率/(10^{14}Hz)					
截止电压/V					

【思考题】

一、试定性解释光电管伏安特性曲线的饱和部分和截止电压形成的原因。

二、从截止电压与入射光频率的关系曲线（$U_0-\nu$ 关系图），能确定阴极材料的逸出功吗？

三、光电管阴极上涂有逸出功小的光敏材料，而阳极则选用逸出功大的金属来制造，这是为什么？

四、你认为做好本实验应该注意哪些问题？试着提出几个减小误差的措施。

实验二十　RC 串联电路暂态特性的研究

RC 串联电路在接通或断开直流电源的瞬间，相当于受到阶跃电压的影响，电路对此要

作出响应，会从一个稳定态转变到另一个稳定态，这个转变过程称为暂态过程。此过程变化快慢是由电路中各元件的量值和特性决定的，描述暂态变化快慢的特性参数是电路的时间常数或半衰期。

一个实际电路总可简化成某种等效电路，常见的等效电路有 RC 或 RLC 电路。本实验研究 RC 串联电路在暂态过程中，不同参数对电压的影响。通过对暂态过程的研究，可以积极控制和利用暂态现象。

研究 RC 串联电路暂态过程通常用直流法或交流法，直流法包括冲击法和电压法，交流法中有示波器观测法。

RC 串联电路的暂态特性在电子电路中有许多用途，例如：可起延迟作用、积分作用、耦合作用、隔直作用等等。

【实验目的】

1. 学习如何通过实验方法研究有关 RC 串联电路的暂态过程。

2. 通过研究 RC 串联电路暂态过程，加深对电容特性的认识和对 RC 串联电路特性的理解。

3. 提高对 RC 串联电路暂态过程的分析技能。

4. 根据对实验现象的分析，学习和了解进行科学实验的一般程序和方法。

【实验仪器】

RC 串联电路暂态特性实验仪。

【实验原理】

1. RC 电路的暂态过程

(1)充电过程

在图 4. 20. 1 所示的电路中，开关 K 拨到 1 后，接通电源，电流便通过电阻 R 对电容器 C 进行充电，电容器上的电荷逐渐积累，随着电容两端的电压 U_c 增加的同时，电阻两端的电压 $U_R = E - U_c$ 随之减小。

电路中，电流在开关 K 拨到 1 的瞬间，电容器上没有电荷的积累，电源电压全部降到电阻 R 上，此时，电流 $I_0 = E/R$ 为最大。随着电容器上电荷的积累，U_c 增大，充电电流 $I = (E - U_c)/R$ 也随之减小，同时向电容提供的电量 q 减小，电容两端的电压 U_c 增加的速度变慢，即电容的充电速度越来越慢，直至 $U_c = E$ 时，充电过程终止，电路达到稳定状态。

这个暂态变化的具体数学描述为 $q = CU_c$，而 $I = \mathrm{d}q/\mathrm{d}t$，故

$$I = \frac{\mathrm{d}q}{\mathrm{d}t} = C\frac{\mathrm{d}U_c}{\mathrm{d}t} \tag{4.20.1}$$

$$U_c + IR = E \tag{4.20.2}$$

将式(4. 20. 1)代入式(4. 20. 2)，得

$$\frac{\mathrm{d}U_c}{\mathrm{d}t} + \frac{1}{RC}U_c = \frac{1}{RC}E$$

充电过程 $t = 0$ 时，$U_c = 0$，方程的解为

$$\begin{cases} U_c = E[1 - \exp(-t/RC)] \\ I = \dfrac{E}{R}\exp(-t/RC) \\ U_R = E - U_c = E\exp(-t/RC) \end{cases} \quad (4.20.3)$$

充电过程中，U_c 的变化曲线如图 4.20.2 所示。

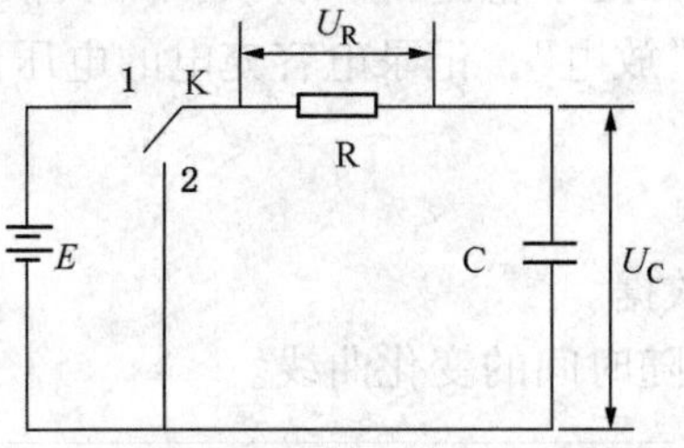

图 4.20.1

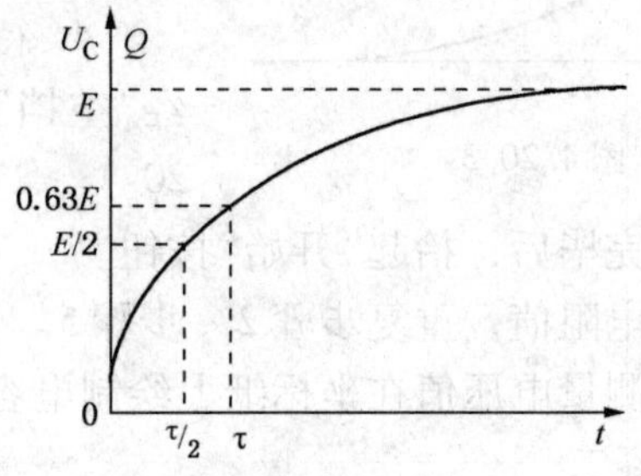

图 4.20.2

对于式(4.20.3)，可作如下讨论：

①当 $t=RC$ 时，从式(4.20.3)知

$$\begin{cases} U_c = E(1 - e^{-1}) = 0.632E \\ I = 0.368E/R \\ U_R = Ee^{-1} = 0.368E \end{cases}$$

RC 乘积的大小反映充电速度的快慢。令 $\tau = RC$，τ 称为电路的时间常数。

②从理论上说，t 为无穷大时，才有 $U_c = E$，$I=0$，即充电过程结束，所以，E 称为充电终止电压。由于 $t=5$ 时，$U_c = E(1-e-5)=0.993E$，则可认为已充电完毕。

(2)放电过程

图 4.20.1 所示电路充电过程结束后，电容器 C 已带有电荷；开关 K 由 1 拨向 2 的瞬时 $U_c = E$，电流最大，$I_0 = E/R$。随后，电容上的电荷通过 R 开始放电，U_c 减小，放电电流 I 也随之减小，这就使得 U_c 减小的速度放慢。放电过程的数学描述为 $U_c + iR = 0$

将 $I = C\dfrac{dU_c}{dt}$，代入上式得$\dfrac{dU_c}{dt} + \dfrac{1}{RC}U_C = 0$

由初始条件 $t=0$ 时，$U_c = E$，解方程得

$$U_c = E\exp(-t/RC)$$

$$I = -\frac{E}{R}\exp(-t/RC)$$

$$U_R = -E\exp(-t/RC)$$

放电过程中，U_c、i 的变化曲线如图 4.20.3 所示。

2. 半衰期 $T^{\frac{u}{2}}$

与时间常数 τ 有关的另一个在实验中较容易测定的特征值，称为半衰期 $T_{1/2}$，即当 $U_C(t)$下降到初值(或上升至终值)一半时所需要的时间，它同样反映了暂态过程的快慢程度，与 t 的关系为：$T^{\frac{u}{2}} = \tau\ln 2 = 0.693\tau$(或 $\tau = 1.443T^{\frac{u}{2}}$)。

【实验内容】

实验内容一

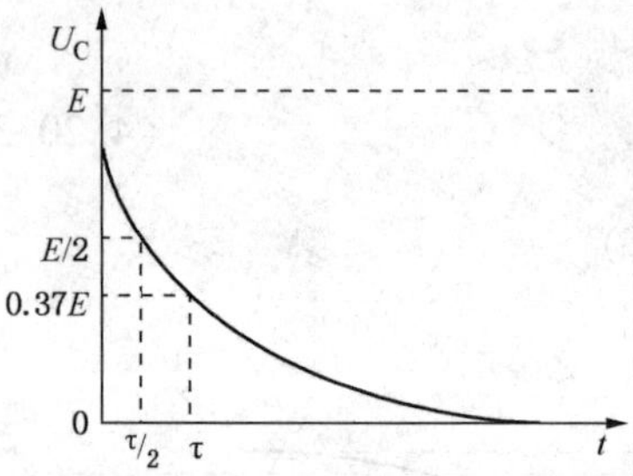

图 4.20.3

1. 打开仪器电源。

2. 调节电阻阻值，确定换挡开关处于“空挡”位，按下“开始”按钮。

3. 将换挡开关拨到“充电”，记录电容充电的电压值(间隔 10 ~ 20s)。

4. 待到电压处于稳定时，将换挡开关依次从“充电”经“空挡”拨到“放电”，记录电容充电的电压值(间隔10 ~ 20s)。

5. 放电完毕后，抬起“开始”按钮。

6. 改变电阻值，重复步骤 2 ~ 步骤 5。记录数据。

7. 根据测量电压值在坐标纸上绘制电容电压随时间的变化曲线。

实验内容二

1. 操作方法同上，任意选取一个阻值，充电到稳定状态，点击“复位”按钮，使秒表清零。

2. 将换挡开关依次从“充电”经“空挡”拨到“放电”。

3. 记录从电压最高值 U 到 $U/2$ 的半衰期 $T^{\frac{u}{2}}$，并计算电容 C 值。

实验二十一　声速的测定

我们知道，频率在 20 ~ 20000Hz 的声波为可闻声波，超过 20000Hz 的声波为超声波。本实验通过对超声波波速的测定，使同学们了解压电陶瓷的换能功能，进一步加深对驻波和振动合成理论的理解。

【实验目的】

一、了解压电陶瓷换能的功能。

二、学会用共振干涉法和相位比较法测量超声波的波速。

【实验仪器】

声速测定实验仪、示波器、声速测量装置。

【实验原理】

本实验产生超声波的装置是利用压电体的逆压电效应来实现电压和声压之间的转换，即在交变电压下使压电体产生机械振动，而在空气中激发出声波。当作为压电换能器的压电陶瓷片处于一交变电场中时，会发生周期性伸长与缩短，从而发出超声波。同样压电陶瓷片也可以将声波的变化转化为电压的变化，用来接收信号。

声波的传播速度 v 与声波的频率 f 和波长的关系为

$$\nu = f\lambda \tag{4.21.1}$$

由式(4.21.1)知，只要测出波长 λ 和声波的频率 f，就可求出声速 ν。本实验频率 f 可由声速测定实验仪窗口直接读出，我们的主要任务是测出 λ。测量 λ 的常用方法有两种：共振干涉法和相位比较法。

一、共振干涉(驻波)法

实验装置如图所示，图4.21.1中S_1和S_2为压电陶瓷超声换能器。

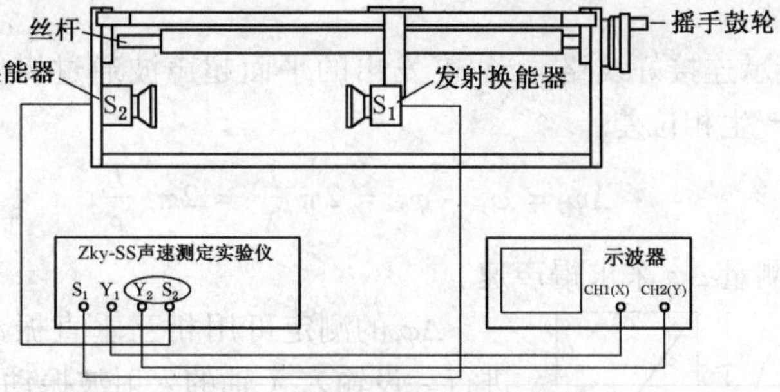

图4.21.1

S_1作为超声源(发射头)，声速测定实验仪输出的正弦交变电压信号接到换能器S_1上，使S_1发出一平面声波。S_2作为超声波接收头，把接收到的声压转换成交变的正弦电压信号后输入示波器观察。S_2在接收超声波的同时还反射一部分超声波。这样，由S_1发出的超声波和由S_2反射的超声波在S_1和S_2之间的区域干涉，而形成驻波。当入射波振幅A_1与反射波振幅A_2相等，即$A_1=A_2=A$时，某一位置的合振动方程为

$$Y = Y_1 + Y_2 = (2A\cos\frac{2\pi}{\lambda}x)\cos\omega t \tag{4.21.2}$$

由上式可知，当

$$2\pi\frac{x}{\lambda} = (2k+1)\frac{\pi}{2} \quad k = 0,1,2,\cdots\cdots \tag{4.21.3}$$

即$x=(2k+1)\frac{\lambda}{4}(k=0,1,2,\cdots\cdots)$时，这些点的振幅始终为零，即为波节。当

$$2\pi\frac{x}{\lambda} = k\pi \quad k = 0,1,2,\cdots\cdots \tag{4.21.4}$$

即$x=k\frac{\lambda}{2}(k=0,1,2,\cdots\cdots)$时，这些点的振幅最大，等于$2A$，即为波腹。相邻波腹(或波节)的距离为$\lambda/2$。

对一个振动系统来说，当激励频率与系统固有频率相近时，系统将产生共振，此时振幅最大。本实验驻波场可看做一个振动系统，当信号发生器的激励频率等于驻波系统固有频率时，产生驻波共振，声波波腹处的振幅达到相对最大值。当驻波系统偏离共振状态时，驻波的形状不稳定，且声波波腹的振幅比最大值小得多。

由式(4.21.4)可知，当S_1和S_2之间的距离L恰好等于半波长的整数倍时，即

$$L = k\frac{\lambda}{2} \quad k = 0,1,2,\cdots\cdots \tag{4.21.5}$$

形成驻波，示波器上可观察到较大幅度的信号，不满足式(4.21.5)条件时，观察到的信号幅度较小。移动S_2，对某一特定波长，由式(4.21.5)知，将相继出现一系列共振态，任意两个相邻的共振态之间，S_2的位移为：

$$\Delta L = L_{k+1} - L_k = (k+1)\frac{\lambda}{2} - k\frac{\lambda}{2} = \frac{\lambda}{2} \tag{4.21.6}$$

所以当S_1和S_2之间的距离L连续改变时，示波器上的信号幅度每一次周期性变化，相当于S_1和S_2之间距离改变了$\lambda/2$。

此距离 $\lambda/2$ 可由游标卡尺测得(或直接由电子计数器读得)。频率 f 可由声速测定实验仪窗口读出，由式(4.21.1)可求得声速。

二、相位比较法

按图 4.21.1 所示连接好线路。当 S1 发出的平面超声波通过媒质到达接收器 S2，在发生波和接收波之间产生相位差：

$$\Delta\varphi = \varphi_1 - \varphi_2 = 2\pi \frac{L}{\lambda} = 2\pi f \frac{L}{v} \qquad (4.21.7)$$

因此可以通过测量 $\Delta\varphi$ 来求得声速。

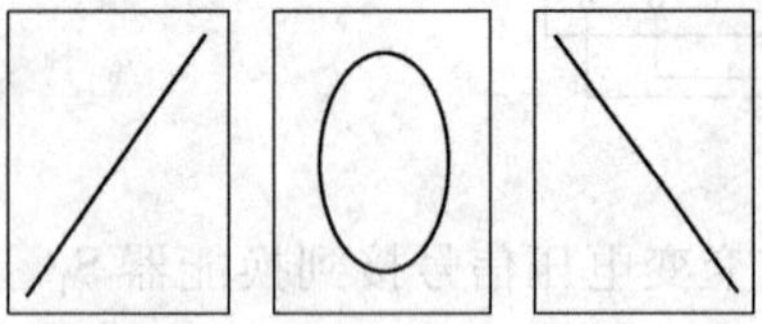

(a) $\Delta\varphi=0$　(b) $\Delta\varphi=\pi/2$　(c) $\Delta\varphi=\pi$

图 4.21.2

$\Delta\varphi$ 的测定可用相互垂直振动合成的李萨茹图形来进行。设输入 X 轴的入射波振动方程为

$$x = A_1\cos(\omega t + \varphi_1)$$

输入 Y 轴的是由 S_2 接收到的波动，其振动方程为

$$y = A_2\cos(\omega t + \varphi_2)$$

上两式中：A_1 和 A_2 分别为 X、Y 方向振动的振幅；ω 为角频率；φ_1 和 φ_2 分别为 X、Y 方向振动的初位相，则合成振动方程为

$$\frac{x^2}{A_1^2} + \frac{y^2}{A_2^2} - \frac{2xy}{A_1A_2}\cos(\varphi_2 - \varphi_1) = \sin^2(\varphi_2 - \varphi_1) \qquad (4.21.8)$$

此方程轨迹为椭圆，椭圆长短轴和方位由位相差 $\Delta\varphi = \varphi_1 - \varphi_2$ 决定。当 $\Delta\varphi = 0$ 时，由式(4.21.8)得 $y = \frac{A_2}{A_1}x$，即轨迹为处于第一和第三象限的一条直线，如图 4.21.2(a)所示；当 $\Delta\varphi = \pi$ 时，得 $y = -\frac{A_2}{A_1}x$，则轨迹为处于第二和第四象限的一条直线如图 4.21.2(c)所示。改变 S_1 和 S_2 之间的距离 L，相当于改变了发射波和接收波之间的位相差，荧光屏上的图形也随 L 不断变化。显然，每改变半个波长的距离 $\Delta L = \lambda/2$，则 $\Delta\varphi = \pi$。随着振动的位相差从 $0 \sim \pi$ 的变化，李萨如图形从斜率为正的直线变为椭圆，再变到斜率为负的直线。因此，每移动半个波长，就会重复出现斜率符号相反的直线，测得了波长 λ 和频率 f，根据式(4.21.1)即可计算出室温下声音在媒质中传播的速度。

【实验内容】

一、仪器调整

(1)按图 4.21.1 接好线路，调好每个仪器。

(2)将 S_1 和 S_2 移开适当距离，调节声速测定实验仪频率调节旋钮，观察示波器波形幅度变化，当出现波形幅度最大时，再缓慢移动 S_2，可在示波器上看到正弦波振幅的变化，移到首次振幅较大处，固定 S_2，再仔细微调信号发生器的输出频率，使示波器上图形振幅达到最大。此时产生了共振，记下共振频率 f。

二、共振干涉法测声速

(1)在共振频率条件下，将 S_2 移至接近 S_1 处(不要相接处)，再缓慢移动 S_2，当示波器上出现振幅较大时，微调游标卡尺，在近处找到振幅最大时，记下位置 L_0。

(2)由近而远，改变 S_2 的位置，重复步骤(1)。逐个记下各振幅最大时的位置 L_0，L_2，…，L_9 共 10 个。

三、相位比较法测声速

(1)按图4.21.1接收线路，调整好示波器。

(2)在共振频率条件下(共振频率读取方法同仪器调整步骤(2)，使 S_2 稍靠近 S_1，然后在慢慢移离 S_1，当示波器屏上出现45°斜线时，微调游标卡尺，使图形稳定，记下 S_2 的位置 L_0。

(3)依次移动 S_2，记下示波器上直线由图4.21.2的图(a)变为图(c)和由图(c)再变为图(a)时游标卡尺的读数 L_0，L_1，$L_2\cdots$，L_9 的值共10个。

四、自拟表格

用逐差法处理数据，分别算出共振法和比较法测得的波长平均值 $\bar{\lambda}$，然后求出声速 ν。

【注意事项】

一、实验前应事先了解压电换能器的谐振频率。

二、由于声速在空气和水中衰减较大，其振幅随 S_2 远离 S_1 而显著变小，实验时，应随时调节示波器的 y 轴衰减旋钮。

三、注意回程差

(1)测量过程中要求单方向转动鼓轮。如果出现转过头的情况，要多往回转几圈，然后顺着测量方向转到振幅最大(里萨如图形直线)位置读数。

(2)注意第一个读数位置也存在回程差。

【思考题】

一、本实验测量声速用了哪几种方法?

二、何谓系统共振状态?

三、如何调出稳定的共振状态?

四、为什么要在系统共振状态下测定声速?

五、本实验产生误差的主要原因是什么?

实验二十二　电子束聚焦与电子荷质比的测量

电子电量 e 和电子静质量 m 的比值 e/m 称为电子的荷质比，又称电子比荷。1897年J. J. 汤姆孙利用电磁偏转的方法测量了阴极射线粒子的荷质比，它比电解中的单价氢离子的荷质比约大2000倍，从而发现了比氢原子更小的组成原子的物质单元，定名为电子。精确测量电子荷质比的值为 1.75881962×10^{11} C/kg，根据测定电子的电荷，可确定电子的质量。

20世纪初W. 考夫曼用电磁偏转法测量 β 射线(快速运动的电子束)的荷质比，发现 e/m 随速度增大而减小。这是电荷不变质量随速度增加而增大的表现，与狭义相对论质速关系一致，是狭义相对论实验基础之一。

【实验目的】

一、加深电子在电场和磁场中运动规律的理解；

二、了解电子束磁聚焦的基本原理；

三、学习用磁聚焦法测定电子荷质比 e/m 的值。

【实验原理】

一、示波管

示波管是电子束试验仪和示波器的主要部分，其结构见图 4.22.1，它由三部分组成。

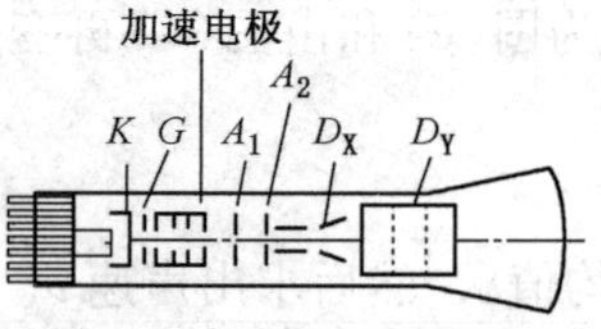

图 4.22.1

(1)电子枪。它发射电子，把电子加速到一定速度，并聚焦成电子束。

(2)由两对金属板组成的电子束偏转系统。

(3)在电子管末端的荧光屏，用来显示电子的轰击点。所有这些部件都封在一个抽成真空的玻璃圆管内。一般管内的真空度为 10^{-4}Pa，这样可以使电子通过管子的过程中几乎不与气体分子碰撞。

阴极 K 是一个表面涂有氧化物的金属圆筒，是电子源，经灯丝加热后温度上升，一部分电子作逸出功后脱离金属表面成为自由电子。自由电子在外电场作用下形成电子流。栅极 G 为顶端开有小孔的圆筒，套在阴极之外，其电位比阴极低($-5\sim-20$V)，使阴极发射出来具有一定初速的电子，通过栅极和阴极间的电场时减速。初速大的电子可以穿过栅极顶端小孔射向荧光屏，初速小的电子则被电场排斥返回阴极。如果栅极所加电位足够低，可使全部电子返回阴极。这样，调节栅极电位就能控制射向荧光屏的电子射线密度，即控制荧光屏上光点的亮度，这就是亮度调节，记符号为“¤”。

为了使电子以较大的速度打在荧光屏上，使荧光物质发光亮些，在栅极之后装有加速电极。加速电极是一个长形金属圆筒，筒内装有具有同轴中心孔的金属膜片，用于阻挡离开轴线的电子，使电子射线具有较细的截面。加速电极之后是第一阳极 A_1 和第二阳极 A_2。第二阳极通常和加速电极相连，而第一阳极相对阴极的电压一般为几百伏特。这三个电极所形成的电场，除对阴极发射的电子进行加速外，并使之会聚成很细的电子射线，这种作用称为聚焦作用。改变第一阳极的电压，可以改变电场分布，使电子射线在荧光屏上聚焦成细小的光点，这就是聚焦调节，记符号为“⊙”。当然，改变第二阳极的电压，也会改变电场分布，从而进一步改变电子射线在荧光屏上聚焦的好坏，这是辅助聚焦调节，记符号为“○”。

为了使电子射线能够达到荧光屏上的任何一点，必须使电子射线在两个互相垂直的方向上都能偏转，这种偏转可以用静电场或者磁场来实现。一般示波管采用静电场使电子射线偏转，称静电偏转。静电偏转所需要的电场，由两对互相垂直的偏转板提供。其中一对能使电子射线在 x 方向偏转，称 x 向偏转板 D_x。另一对能使电子射线在 y 方向偏转，称 y 向偏转板 D_y。

二、电聚焦原理

从示波管阴极发射的电子在第一阳极 A_1 的加速电场作用下，先会聚于控制栅孔附近一点，然后又散射开来，如图 4.22.2 所示。

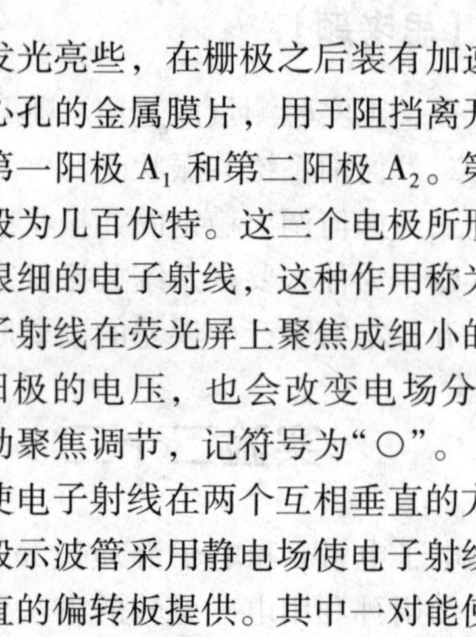

图 4.22.2

为了在示波管荧光屏上得到一个又亮又小的光点，必须把散射开来的电子束会聚起来。与光学透镜对光束的聚焦作用相似，由第一阳极 A_1 和第二阳极 A_2 组成电聚焦系统，A_1、A_2 是两个相邻的同轴圆筒，在 A_1、A_2 上分别加上不同的电压 U_1、U_2，在其间形成一非均匀电场，电场分布情况如图 4.22.3 所示，电场对 z 轴是对称分布的。

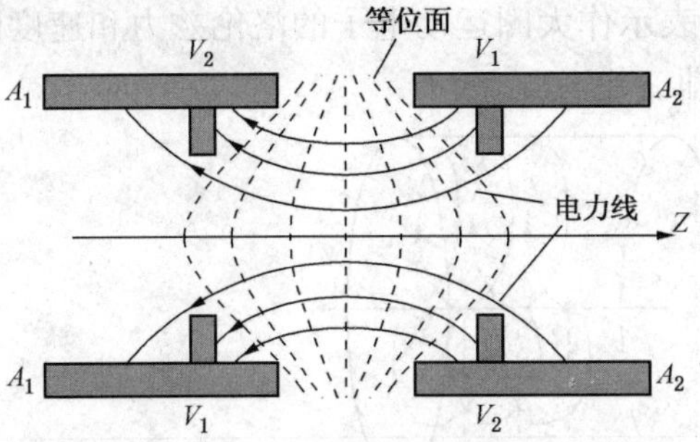

图 4.22.3

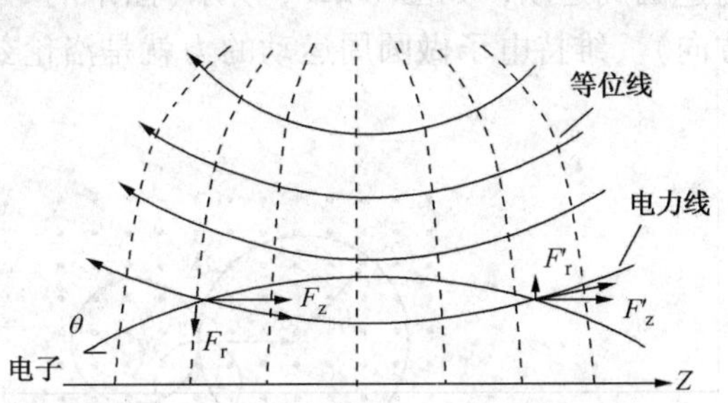

图 4.22.4

电子束中某个散离轴线的电子沿轨迹 S 进入聚焦电场，图 4.22.4 画出了这个电子的运动轨迹。

在电场的前半区，这个电子受到与电力线相切方向的作用力 F。F 可分解为垂直指向轴线的分力 F_r 与平行于轴线的分力 F_Z。F_r 的作用使电子向轴线靠拢，F_Z 的作用使电子沿 Z 轴得到加速度。电子到达电场后半区时，受到的作用力 F' 可分解为相应的 F'_r 和 F'_Z 两个分量。F'_z 分力仍使电子沿 Z 轴方向加速，而 F'_r 分力却使电子离开轴线。但因为在整个电场区域里电子都受到同方向的沿 Z 轴的作用力(F_Z 和 F'_Z)，由于在后半区的轴向速度比在前半区的大得多。因此，在后半区电子受 F'_r 的作用时间短得多。这样，电子在前半区受到的拉向轴线的作用大于在后半区受到离开轴线的作用，因此总效果是使电子向轴线靠拢，最后会聚到轴上某一点。调节阳极 A_1 和 A_2 的电压可以改变电极间的电场分布，使电子束的会聚点正好与荧光屏重合，这样就实现了电聚焦。

三、磁聚焦原理(偏转电场为零)

1. 若将示波管的加速电极、第一阳极 A_1、第二阳极 A_2、偏转电极 D_x 和 D_y 全部连在一起，并相对于阴极 K 加同一加速电压 U_a，这样电子一进入加速电极就在零电场中做匀速运动，如图 4.22.5 所示。这时来自电子射线第一聚焦

点 F_1(在栅极 G 的小圆孔前方)的发散电子射线将不再会聚，而在荧光屏上形成一个光斑。为了能使电子射线聚焦，可在示波管外套一个通用螺线管，使在电子射线前进的方向产生一个均匀磁场，磁感应强度为 B。在示波管中，栅极和加速电极靠得很近。因此，可以认为电子离开第一聚焦点 F_1 后立即进入电场为零的均匀磁场中运动。

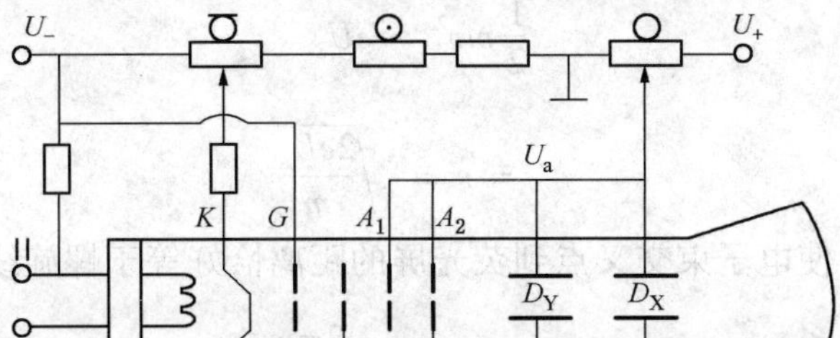

图 4.22.5

2. 在均匀磁场 B 中以速度 v 运动的电子，受到洛仑兹力 F 的作用

$$F = -ev \times B$$

当 v 和 B 平行时，F 等于零，电子的运动不受磁场的影响，仍以原来的速度 v 做匀速直线运动。当 v 和 B 垂直时，力 F 垂直于速度 v 和磁感应强度 B，电子在垂直于 B 的平面内做匀速圆周运动，如图 4.22.6 所示(图中的 F 和 v 只表示作大圈运动电子的洛伦兹力和速度的方向)。维持电子做圆周运动的力就是洛伦兹力，即

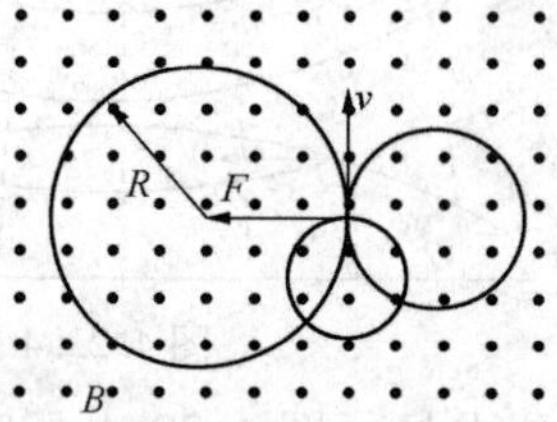

图 4.22.6

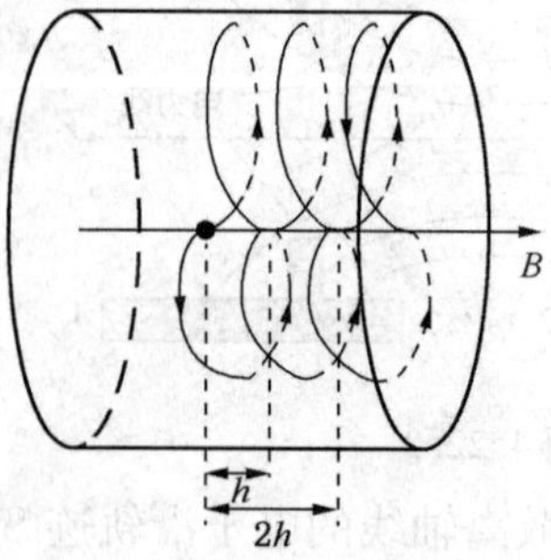

图 4.22.7

$$F = evB = m\frac{v^2}{R}$$

电子运动轨道的半径为:

$$R = \frac{mv}{eB} \tag{4.22.1}$$

电子绕圆一周所需的时间(周期) T 为

$$T = \frac{2\pi R}{v} = \frac{2\pi m}{eB} \tag{4.22.2}$$

从式(4.22.2)可见，周期 T 和电子速度 v 无关，即在均匀磁场中不同速度的电子绕圆一周所需的时间是相同的。但速度大的电子所绕圆周的半径也大。因此，已经聚焦的电子射线绕一周后又将会聚到一点。

3. 在一般情况下，电子束呈圆锥形向荧光屏运动，如电子速度 v 和磁感应强度 B 之间成一夹角 θ，此时可将 v 分解为与 B 平行的轴向速度 $v_{/\!/}$ ($v_{/\!/} = v\cos\theta$) 和与 B 垂直的径向速度 $v_{\perp}$ ($v_{\perp} = v\sin\theta$)，$v_{/\!/}$ 使电子沿轴方向作匀速运动，而 $v_{\perp}$ 在洛伦兹力的作用下使电子绕轴做圆周运动，合成的电子轨迹为一螺旋线(图 4.22.7)。

电子速度的大小由加速电压 U_a 决定

$$\frac{1}{2}mv^2 = eU_a$$

因 θ 角很小，

$$v_{/\!/} = v = \sqrt{\frac{2eU_a}{m}} \tag{4.22.3}$$

调节纵向磁场 B，使电子束交叉点到荧光屏的距离恰好等于螺旋线的螺距 h，即

$$l = h = v_{/\!/}T = \frac{2\pi m}{eB}v_{/\!/} \tag{4.22.4}$$

将式(4.22.1)代入式(4.22.2)，得到电子的荷质比

$$\frac{e}{m} = \frac{8\pi^2 U_a}{l^2 B^2} \tag{4.22.5}$$

对于从第一聚焦点 F_1 出发的不同电子，虽然径向速度 $v_\perp$ 不同，所走的圆半径 R 也不同，但只要轴向速度 $v_{/\!/}$ 相等，并选择合适的轴向速度 $v_{/\!/}$ 和磁感应强度 B(改变 v 的大小，可通过调节加速电压 U_a；改变 B 的大小可调节螺线管中的励磁电流 I)，使电子在经过的路程中恰好包含有整数个螺距 h，这时电子射线又将会聚于一点，这就是电子射线的磁聚焦原理。

纵向螺线管中磁感应强度为

$$B = \frac{\mu_0 NI}{\sqrt{L^2 + D^2}} \tag{4.22.6}$$

$\mu_0 = 4\pi \times 10^{-7}$ H/m，L，D 和 N 分别是螺线管的长，直径和线圈匝数，光斑第一次聚焦的励磁电流为 I_1，第二次聚焦的电流为 $I_2 = 2I_1$，第三次聚焦的电流为 $I_3 = 3I_1$，加权平均值为

$$\bar{I} = \frac{I_1 + I_2 + I_3}{1 + 2 + 3}$$

代入式(4.22.5)，可得

$$\frac{e}{m} = \frac{8\pi^2(L^2 + D^2)}{(\mu_0 Nl)^2} \cdot \frac{U_a}{\bar{I}^2} = \frac{(L^2 + D^2)}{2 \times 10^{-14} N^2 l^2} \cdot \frac{U_a}{\bar{I}^2} \tag{4.22.7}$$

【实验内容】

一、按图 4.22.5 接好线路。$A_1 - V_1$，$A_2 - \perp$。观察电聚焦、电偏转、磁偏转现象。

二、将聚焦电压旋钮逆时针旋到最小，把纵向线圈套在示波管上，线圈连接磁场电源。

三、先按照表 4.22.1 中的电压值调节加速电压，再调节励磁电流，使光点依次出现一、二、三次聚焦，分别读出励磁电流 I_1、I_2 和 I_3。

四、计算电子荷质比 e/m。并与其公认值 $e/m = 1.75881962 \times 10^{11}$ C/kg 进行比较，计算相对误差。

【数据处理】

数据填入表 4.22.1。

表 4.22.1

B 方向	加速电压/V	励磁电流				平均值	加权平均 $\bar{I}$	$\frac{e}{m}$/($\times 10^{11}$ C/kg)
正向	650	I_1						
		I_2						
		I_3						
	700	I_1						
		I_2						
		I_3						
	750	I_1						
		I_2						
		I_3						

续表

B 方向	加速电压/V	励磁电流				平均值	加权平均$\bar{I}$	$\frac{e}{m}$/($\times 10^{11}$ C/kg)
反向	650	I_1						
		I_2						
		I_3						
	700	I_1						
		I_2						
		I_3						
	750	I_1						
		I_2						
		I_3						
		—				e/m 平均值		

【注意事项】

一、实验线路中因有高压，操作时需倍加小心，以防电击。

二、聚焦光点应尽量细小，但不要太亮。

三、使用仪器时，周围应没有强磁场或铁磁体。螺线管应南北放置，尽量避免地磁场的影响。

四、在改变螺线管电流方向以前，应先调节励磁电源输出为“0”或关掉励磁电源，然后再使电流反向。

五、改变加速高压 U 后，光点亮度会改变，这时应重新调节亮度，若调节亮度后加速高压有变化，再调到规定的电压值。

【思考题】

一、调节螺线管中的电流强度 I 的目的是什么？

二、电子进行磁聚焦时，如何判断是一个螺距、两个螺距、三个螺距？

三、静电聚焦($B=0$)后，加偏转电压时，荧光屏上呈现的是一条直线而不是一个亮点，为什么？

四、示波管的构造主要可分几部分？它们各自的作用是什么？

实验二十三　全息照相的观察和摄制

全息照相(Holography)是由丹尼斯·盖伯(Dennis Gabor)在 1948 年发明的，当时由于光源的单色性不够好，相干长度不够大，直到 60 年代激光问世以后才迅速发展起来。密执安(Michigan)大学的物理学家利思(F. N. Leith)和乌帕特尼克斯(J. Upatnieks)在 1962 年对伽伯方法提出了决定性的改进意见，而使全息术日新月异。特别是在干涉计量、信息储存、立体显示、生物学、医学、宇宙航行、军事国防等许多领域内已获得相当广泛的应用。

随着科技的进步，全息照相本身也得到了迅猛发展，相继出现了离轴全息、反射全息。像全息、彩虹全息、合成全息等，极大地丰富了全息照相的内容。

【实验目的】

一、了解全息照相基本原理。

二、熟悉全息照相技术。

三、观察和分析全息照相的特点。

【实验原理】

全息照相不同于普通照相，二者无论是在原理上，还是在方法上都有本质区别。普通照相是用几何光学的方法把物体通过照相物镜成像于照相底片上，每个物点转换成一个对应的像点，并将被摄物体在某个瞬时漫射的光波(物光波)所反映的物体的亮度分别成像于底片上。底片记录的是与物光波振幅的平方成比例的强度分布，它丢失了物光波反映空间的相位信息，所以普通照片没有立体感。而全息照相的记录对象是整个物体发出的光波(即物体各点发出的光波叠加)，借助于参考光波用干涉的方法记录这个物体波的振幅和位相分布，即记录下物光波的全部信息——振幅和位相。此时底片上得到的不是物光的强度分布，而是细密的干涉条纹，干涉条纹的可见度反映了物光波的振幅，干涉条纹的疏密和取向则由物光波的相位决定。这样用干涉法把物光波场的“全部信息”都记录下来所获得的照片，称为全息照片或全息图。由全息图可以经过适当的再照明，重建原来的物光波，从而再现物体的三维立体像。全息照相技术就是在物理光学干涉和衍射原理的基础上，用干涉的方法以干涉条纹形式记录下物体光波的全部信息，再用衍射方法再现物体光波本身的二步成像方法。

一、全息照片的获得原理——光的干涉

全息照相拍摄关键是获得和物光高度相干的参考光，并把被摄物体光波的全部信息——振幅和位相同时记录在记录介质(感光底片)上。为此，可采用图 4. 23. 1 所示的基本光路图。

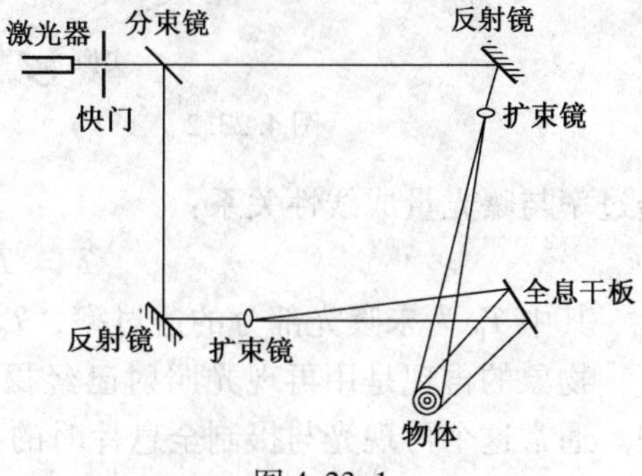

图 4. 23. 1

为了构成相干条件，由激光器发出的激光束，通过分束镜分成两束。其中一束经反射镜反射和扩束镜扩束后，均匀照明物体，再经物体因漫反射带有了被摄物体的信息，照射在底片上，这束光称为物光；另一束光经反射镜反射与扩束镜扩束后，直接均匀地射到底片上，这束光不带物的信息，称为参考光。由同一束激光分成的两束光具有高度的时间相干性和空间相干性，当它们在底片上相遇时，就会发生干涉。由于物体发出的物光波是不规则的，这种复杂的物光波是由无数物点发出的球面波叠加而成，因此在全息干板上记录的干涉图样，是一个由无数组干涉条纹形成的集合，最终形成一个肉眼不能识别的全息图。感光底片经曝光、显影、定影及漂白后，成为可永久保存并随时重现光波波前的全息照片。

将上述过程作简单的理论分析；

设在底片上的物光波为：

$$O(x,y,z) = O_0 e^{i[\Phi_o(x,y)+\omega t]} \tag{4.23.1}$$

式中 $O_o(x,\ y)$ 和 $\Phi_o(x,\ y)$ 分别表示振幅和与空间相关的相位，ω 为光波的角频率，t

为时间。

参考光波为：

$$R(x,y,z) = R_0 e^{i[\Phi_R(x,y)+\omega t]} \quad (4.23.2)$$

式中 $R_O(x, y)$ 和 $\Phi_R(x, y)$ 分别表示振幅和与空间相关的相位。

两光波在干板上相干叠加，合成光的强度分布为：

$$\begin{aligned} I(x,y) &= |R|^2 + |O|^2 + OR^* + O^*R \\ &= |R|^2 + |O|^2 + 2|R|\cdot|O|\cos[\Phi_R(x,y) - \Phi_O(x,y)] \end{aligned} \quad (4.23.3)$$

在式(4.23.3)中，第一项取决于物光的强度，不随时间变化，只与它在底片上空间位置有关。第二项是参考光的强度，它在底片上形成均匀的背景。第三项代表两光波的干涉，包含了两相干光振幅和位相关系。结果物光波的振幅和位相分布的信息均已被记录在底片上，这样被记录下来的物光波和参考光波形成的干涉图案可以看成一个全息图。

二、全息照片再现的原理——光的衍射

将底片经曝光、显影、定影及漂白后得到一张全息图，记录的是无数干涉条纹，相当于一个“衍射光栅”，故在观察时必须采用一定的再现手段。一般是用相同于拍摄时的激光作照明光，它与底片的夹角同拍摄时参考光与底片的夹角。这样，照明光经全息照片便发生衍射，得到一列沿照明方向传播的零级衍射光波和二列一级衍射波。用原参考光束照明全息图片得到清晰的物体像的过程，称为全息图的再现或物光波前重现。

观察全息图再现的光路如图 4.23.2 所示。

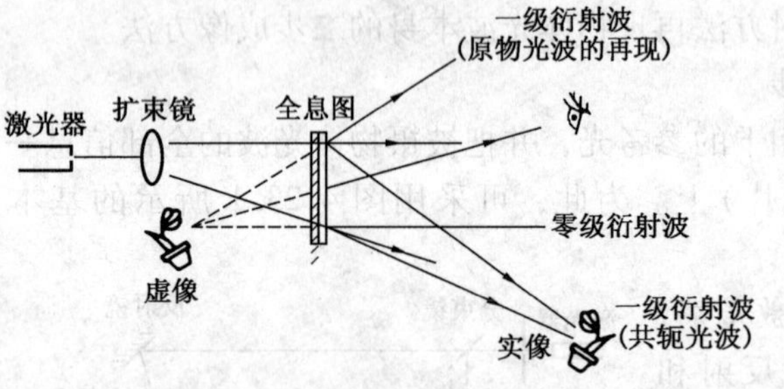

图 4.23.2

全息图的振幅透过率是曝光量的函数，也就是底片所受单位面积光能量的函数，曝光量是光强度 I 和时间 t 的乘积，即：

$$E = It \quad (4.23.4)$$

全息图的振幅透过率是从底片后射出光波的复振幅与入射光的复振幅之比，用“T”表示。如果曝光量和冲洗合适，振幅透过率与曝光量成线性关系：

$$T = T_0 + KE = T_0 + KIt \quad (4.23.5)$$

其中 T_0 为未曝光部分的透过率，T_0 和 K 都是常数。

物象的再现是用再现光照射已经摄制好的全息照片观察透过光。这个过程称为波前重现。通常这个再现光与摄制全息片时的参考光 R 相同，透过光的光波如果用 r 表示，则

$$r = T_0 R + KItR \quad (4.23.6)$$

由于 T_0 是常量，把式(4.23.3)代入式(4.23.6)：

$$\begin{aligned} r &= T_0 R + KtR(I_0 + I_R + OR^{\cdot} + RO^{\cdot}) \\ &= [T_0 + Kt(I_0 + I_R)]R + KtKI_R O + KtRRO^{\cdot} \end{aligned} \quad (4.23.7)$$

式(4.23.7)的右边每一项代表全息片的一个衍射波。一般说来，每一项都很复杂，但是如果参考光波是球面波或平面波，则 I_R 可以看做是常量，如果物光波是从物体上漫反射的光，I_0 也近似为常数。那么，式(4.23.7)右边的第一项与参考光波 R 成正比，是直接透过的再现光，相当于一级衍射波。其性质和传播方向与原物体在原来的位置上发出的光波相同(仅仅是振幅按一定比例改变，位相改变 180°)。因此，全息片后面的观察者对着这个光

波方向观察时，可以看到原物体的三维立体虚像。第三项与原物光波的共轭波 O^* 有关，是因为衍射而产生的另一个一级衍射波，它与原物光波 O 的共轭光波 O^* 成正比，传播方向相反，而且原来的物光波 O 是从各物点发散的光束，因此 O^* 应该是会聚于原来物点所在位置的光束，从而在原来物体所在位置形成实像，可用屏幕或毛玻璃接收。

由以上分析，当要再现，可用与原参考光束入射方向相同的光束（称再现光束）照明全息图，其结果构成一个复杂的透射光波。由于记录干涉条纹的作用（相当衍射光栅的作用），这个透射光将被分成三个分离的部分[如式(4.23.7)]：一列沿照明方向进行的零级衍射光波和两列一级衍射光波。

三、全息照相的特点

1. 立体感强：由于记录的是物光的全部信息，因而通过全息片看到的虚像是完整的三维物体，就如同透过窗户看窗外景物。

2. 有视差效应：观察再现象时，如果改变观察方向，可以看到各部分之间或不同物体之间相对位置的变化，并且绕过前面物体而看到后边的被挡部分。

3. 可分割性：因为全息照片上的每一点都受到被摄物体漫反射光的照射，每一点都存储了整个物体的信息。所以把全息片分成许多小快，其中每一块都可以再现整个物体，但块越小越不清晰。

4. 无论是全息片的正片或负片，都产生同样的三维幻觉。因为记录的是干涉条纹，而没有正片或负片之分。

四、拍摄全息片必须具备的条件

为了实现清晰记录，必须具备下列三个基本条件：

1. 对光源的要求：必须具有很好高度空间和时间相干性的光源，而且要求光源的亮度要高，且有足够的功率输出，相干长度长，在记录材料最灵敏区域有单模输出。本实验中，选用 He－Ne 激光器就满足全息照相的要求。

2. 对系统稳定性的要求：全息照相所记录的是参考光和物光的干涉条纹，这些条纹很细，在照相过程中，极小的振动和位移都会引起干涉条纹的模糊不清，致使无法实现再现。

我们简略地估计一下条纹的宽度，假设参考光束垂直入射到底片上面，物光则以 θ 角入射，如图 4.23.3 所示。则可算出干涉条纹的宽度。

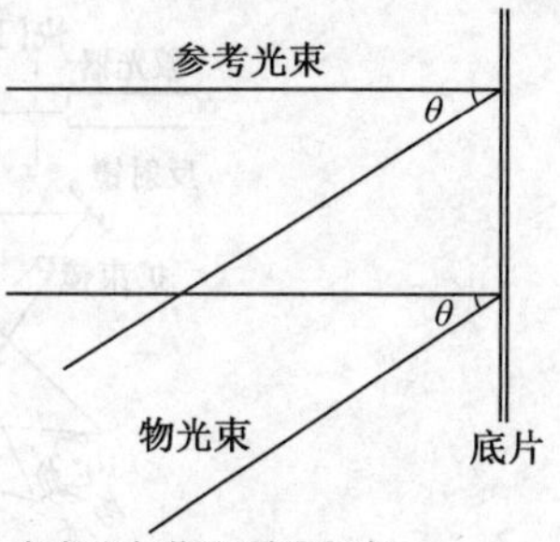

图 4.23.3

$$d = \frac{\lambda}{\sin\theta}.$$

当 $\theta = 30°$，$\lambda = 632.8\text{nm}$ 时，那么 $d = 2\lambda = 10^{-2}\text{mm}$。显然在拍摄时对振动和位移都不应大于 10^{-4}mm 的数量级。

因此在照相过程中，光路中各光学元件，被摄物体和感光底片都必须放在刚性的防震性能好的台面上，还需要将光学夹具做得牢固，不能发生慢性形变，夹具固定采用磁性座固定在钢板上，使外界各种微小振动（如过道中人员的走动，汽车驶过等）不致于干扰条纹的记录。此外，在曝光前，应使防震台上整个光学系统静置几分钟，使台上的光学元件都稳定下来。

3. 对全息干板和光路的要求：

a. 根据上面的估算，干涉条纹的间距为 10^{-2}mm，每毫米有上千条干涉条纹，普通感光底片由于银化合物的颗粒较粗，每毫米仅能记录几十条到几百条，不能用来记录全息照相中极细的干涉条纹。全息照相必须用特别的高分辨率的感光片。在实验中采用天津感光胶片厂生产的Ⅰ型全息干板，分辨率可达3000条/mm左右。所以θ一般控制在30°~60°范围内（在45°以下为宜），但θ也不宜过小，否则将使再现波与零级衍射波重叠，影响再现象的观察。

b. 要求全息干板感光度高。在全息照相中，由于受激光器能量的限制，又不能采用透镜摄影那样进行聚光，所以照射在干板上的照度就低，应尽量提高底片的感光度。上面提到过的天津感光胶片厂生产的Ⅰ型干板，除感光速度较慢（0.05Din）其余都符合上述要求。这种干板适用He－Ne激光器（632.8nm）作光源拍摄全息照片用。它对绿光不敏感，可以在深绿灯下操作。

c. 与感光特性有关的另一个问题是：为了得到振幅透过率与曝光量成线性关系的全息片，需要参考光束和物光束强度的比例合适。根据所用底片的性能，在放置底片地方二者强度之比为2:1到5:1为宜。

d. 对全息光路系统的几何布局没有太严格的要求，但是参考光束与物光束之间的光程差必须小于激光器的相干长度。所以两束光程差要小，而且所用光学元件（反射镜、扩束镜等）越少越好。光路的整体布局，要考虑到操作时要方便，可以采用图1所示光路图，也可采用图28.4所示几种光路，根据上述要求，也可自行设计。

【实验仪器】

全息防振台，He－Ne激光器，光点检流计（AC15/3型），硅光电池，磁座，分束镜，扩束镜，反射镜，底片架，快门，定时器，全息干板，冲洗用具及暗室设备。

【实验内容】

一、拍摄一张全息照片

1、按图4.23.1或图4.23.4在防震台上布置光路，打开激光器调整物光和参考光之间的夹角（不大于45°），用扩束镜将物光束扩展到一定程度以保证被摄物体能全部受到光照。参考光束也应加以扩束使底片有均匀光强。

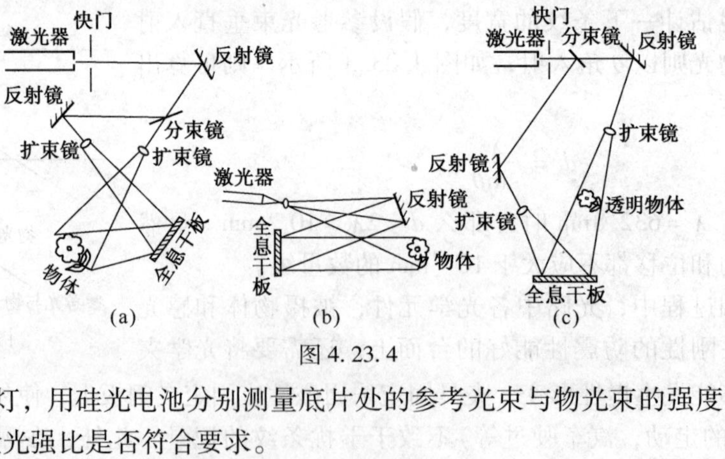

图4.23.4

2. 关上照明灯，用硅光电池分别测量底片处的参考光束与物光束的强度（可从检流计读出数值），以检验光强比是否符合要求。

3. 关上快门，将全息干板装在底片架上，使乳胶面向入射光，静置几分钟后曝光，曝光时间按实验室规定。在曝光过程中，绝对不准触及防震台，并保持室内十分安静。

4. 在暗室将底片取出，然后用D－19显影液显影，显影温度在20℃左右，显影时间不超过3min，显影过程中不断搅动显影液。从显影液取出底片后用自来水冲洗，再放入定影液中定影2~4min，取出后再用水冲洗(此时可以开灯)，再将底片放入漂白液中漂白，漂白时间约为2min，这时要仔细观察干板由黑色转变为淡黄色即可，将底片取出放入清水中冲洗10min，最后取出底片用冷风机吹干或自然晾干，即可得到全息图(显、定、漂的时间要视当时室温或药液的温度而变化，温度高于20℃，时间可以缩短，低于20℃，时间可以适当长一点)。

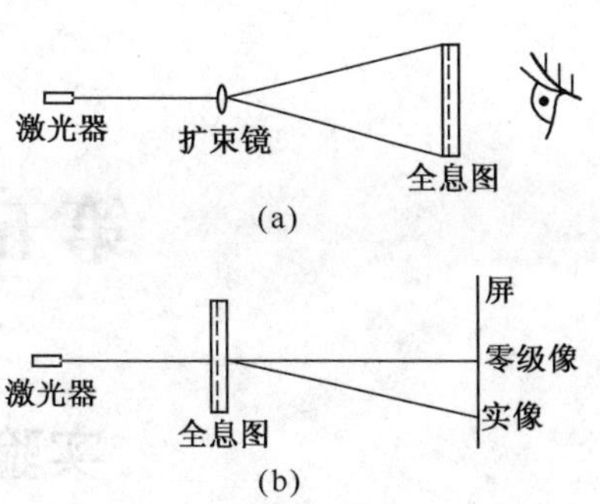

图4.23.5

二、观察全息片的三维再现图

1. 在白光光源上观看全息底版的衍射现象并与普通照相负片比较，是否可经辨认出被摄物体的图像？

2. 虚像的观察：按图4.23.5(a)布置好再现光路，将激光照射全息片的正面(即乳胶面)，尽可能使光照方向与原参考光束方向一致。观察虚像的大小、位置。物像的位置与原物位置是什么关系？改变观察角度，物像有什么变化？把全息图倒置、旋转、薄膜反向，进一步观察和分析再现虚像变化情况和不同效果。用小孔挡板挡住大部分全息图，通过小孔观察全息图虚像，并移动小孔位置，观察再现像有什么变化？分析为什么只有全息底片的一小部分就能再现出被摄物体的整体图像，而普通照片为什么不能？

用两张卡片纸构成一个狭缝进行观察。当狭缝越窄时，再现虚像将发生什么变化？

3. 实像的观察：拿掉激光器前的扩束镜，直接用激光束照射全息图[如图4.23.5(b)所示]在观察位置放一屏，观察实像(为什么仍能看到整个实像，而不是实像的局部?)。如果打碎照片，用激光器照射其中一个碎片，能否看到整个物像？如果像不清晰，可以前后移动屏的位置，使在屏上能观察到最清晰的实像。注意其实像的大小、特点、清晰程度并与虚像的情况加以比较。

4. 若用589.0nm的钠黄光作为再现光源，是否可以观察到再现像？它与632.8nm的光作为再现光源，所观察的再现像有什么区别？为什么？

【数据处理】

记录以上观察结果，总结全息照相的特点连同所拍摄的全息片，写出实验报告。若全息片没有再现像，分析原因，重新拍摄。

【思考题】

一、摄全息照片要注意哪些问题？

二、全息照相是怎样把物光的全部信息记录下来的？

三、哪些因素影响全息图的质量，怎样避免？

四、全息照相所使用的底片有何要求？

第五章　设计性实验

实验二十四　密度的测定

密度是物质的基本特性之一，它与物质的纯度有关。因此，实验室通过测定密度来作原料成分分析和纯度的鉴定。用实验方法测定各种固体和液体的密度有重要的理论和实用意义，应当深入学习掌握。

【实验任务】

测定钢复合体、不规则铜块、不规则玻璃球、蜡块和酒精的密度。

【实验目的】

一、研究各种固体和液体密度的测定方法；

二、测定规则、不规则固体密度和液体密度。

【实验要求】

一、研究、讨论各种固体(规则、不规则、$\rho>1$、$\rho<1$)及液体密度的测定方法。

二、提出对各种物质密度的测定实施方案，测量精度 $B\leqslant 1\%$，并与标准值(公认值)对比。

三、在实验报告中，写出测定密度时所选用方法的原理、计算公式和实验步骤、所用仪器的操作注意事项等。

【实验仪器】

物理天平、游标卡尺、比重瓶、蒸馏水及待测物体等。

实验二十五　万用表的设计

【实验任务】

利用学过的知识，综合设计出万用表的实用电路，并根据设计方案进行组装、校准。设计时要考虑临界电阻的保障问题；综合电路电阻的充分利用问题；欧姆挡的调零问题；原器件示数不准等问题的处理方法。

【实验目的】

一、将表头改装成一个能测电流(0～50mA)、电压(0～5V)和能测电阻(中值电阻约为150Ω)的万用表，自行设计电路图并组装万用表；

二、校准自制万用表的电流挡和电压挡并定级。

【实验要求】

一、根据老师提示及查阅有关资料，设计出万用表的实用电路图；测定 R_g，R_w，提示：实验室提供的表头 $I_g = 5mA$，外临界电阻：$R_s = R_1 + R_2 + R_w = 84\Omega$。根据欧姆定律及电路图计算出电路中的各未知阻值 R_1，R_2，R_3，R_D 和中值电阻 $R_{中}$。

二、校准 50mA 的电流挡

要求：自己设计校准电路，自拟数据表格，画出校准曲线，为电流挡定级。

三、校准 5V 的电压挡

要求：自己设计校准电路，自拟数据表格，画出校准曲线，为电压挡定级。

四、欧姆挡定标

要求：写出实验原理公式，画出欧姆挡表头(标明刻度)。

数据记录参考表格见表 5. 25. 1。

表 5. 25. 1

R_x/Ω	0										∞
偏转格数	50	45	40	35	30	25	20	15	10	5	0

【实验仪器】

5mA 表头一个，电阻箱、导线若干，电位器一个，稳压直流电源，标准电压表、电流表各一块，数字式万用表一块，滑动变阻器两个。

【报告内容】

一、实验名称，实验目的，分项列出实验仪器，包括型号和规格；

二、按照实验要求完成实验任务，分项列出计算公式，结果和电路图；

三、完成数据表格，画出校准曲线，为电流挡和电压挡定级，画出欧姆挡表头；

四、写出误差分析(或实验心得)。

实验二十六　非平衡电桥的应用

惠斯通电桥是通过检流计示零方法，即电桥平衡方法测量桥臂上某个电阻阻值固定的电阻。但在许多场合下桥臂上某个电阻是传感元件，其阻值会随外界环境如温度、压力、光强等的变化而改变，所以电桥通常是不平衡的，桥路会有电压或电流输出，此类电桥称为非平衡电桥(图 5. 26. 1)。利用非平衡电桥将非电学量转换为电学量输出，可以用来测量、观察或控制温度、压力、光强等外界环境变化。因此非平衡电桥在工业上有广泛的应用。

【实验任务】

一、非平衡电桥的工作原理(原理图及公式推导)，推导出输出电压的公式，并加以说明；推导出各桥式的 $V-n$ 关系式。

提示：在实际测量中，非平衡电桥根据桥臂电阻对应关系可分为等臂电桥、卧式电桥和

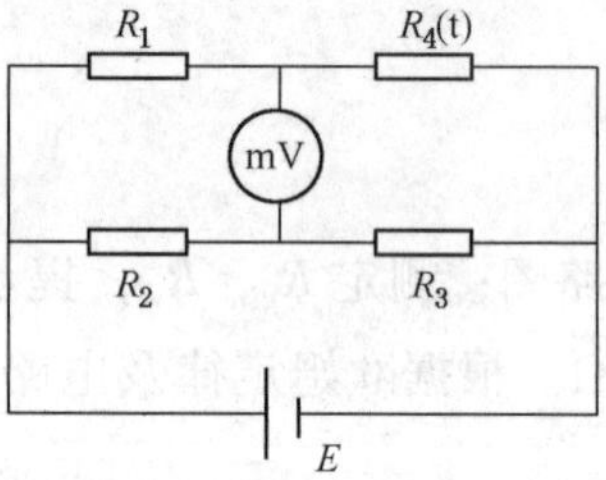

图 5.26.1　非平衡电桥

立式电桥。

1. 等臂电桥

若 $R_1 = R_2 = R_3 = R_4 = R$，则电桥为等臂电桥。

2. 卧式电桥

若 $R_1 = R_4 = R$，$R_2 = R_3 = R'$，且 $R \neq R'$，则电桥为卧式电桥。

3. 立式电桥

若 $R_3 = R_4 = R$，$R_1 = R_2 = R'$，且 $R \neq R'$，此类电桥称立式电桥。

二、非平衡电桥的工作特性：推导出灵敏度和非线性误差的计算公式，并加以说明；

提示：1. 灵敏度表达式 $S = \partial V / \partial n$；

2. 非线性误差表达式 $D \sim n$。

三、说明铜电阻的温度特性以及测温原理，学会合理选择桥式，选择合适的处理数据的方法计算铜电阻的温度系数。

【实验目的】

一、巩固平衡电桥测量电阻的方法，掌握非平衡电桥的工作原理及工作特性；

二、初步掌握非平衡电桥中几种不同的桥路形式，并会根据不同的被测对象灵活选择桥式；

三、理解铜电阻数字温度计的测温原理；学习并掌握用非平衡电桥方法测量铜电阻温度特性的基本原理和操作方法；

四、（＊选作）了解半导体热敏电阻温度特性，通过非平衡电桥测量 NTC 热敏电阻温度特性曲线。

【实验要求】

一、绘出不同条件下的 $V - n$ 曲线，求出对应 $\Delta R = 100\Omega$ 时的非线性误差 D，并求出此时的零点灵敏度 S_0；讨论：学生自己选择的桥式，电压及倍率等对非平衡电桥工作特性参数的影响。

二、画出测量铜电阻的电路图，并说明是何种电桥形式，给出合理的桥臂电阻，写出电阻温度系数 α 的计算公式。作图 $R_t - t$ 图，求出电阻温度系数 α。

三、实验报告要求：实验名称、目的、任务；列出仪器清单，包括型号规格；列出数据表格；作图并计算；误差分析。

【实验仪器】

FQJ－III 型非平衡电桥（可以组成多种形式的非平衡电桥）、FQJ 非平衡电桥加热实验装置（铜 Cu50 电阻、2.7KΩMF51 型半导体热敏电阻）、标准电阻箱、开关、导线等。

实验二十七　低电阻的测定

【实验任务】

测量几种金属材料的电阻与电阻率。

【实验目的】

1. 培养学生根据实验课题通过自行查阅资料，设计实验方案，再由实验室所提供的实验仪器确定方案自主实验的能力；

2. 掌握低电阻的测定方法。

【实验要求】

1. 收集资料，给出测定低电阻的方法；

2. 根据实验室提供的实验仪器设计可实施的实验方案；

3. 根据实验方案进行测量，并与标准值对比。

【实验仪器】

低值标准电阻、各种测试棒、游标卡尺、千分尺、大电流稳压电源、QJ26、QJ44 双臂电桥、QJ36 单双臂电桥、UJ31 低阻电位差计、开关、导线等。

实验二十八　光的衍射

【实验任务】

一、观察激光通过单缝形成的衍射图像，测量激光波长。

二、测量单缝衍射图像的光强分布并绘制曲线图。

【实验目的】

一、培养学生能根据实验任务，设计实验方案并完成实验的能力。

二、观察单缝夫琅和费衍射图案及研究其光强分布规律。

三、掌握用光电元件测量衍射条纹光强分布的方法。

【实验要求】

一、观察单缝衍射特点，测定激光的波长。

1. 拟定实验方案，画出光路图，推导出求波长的实验公式。

2. 写出实验步骤，调出最佳缝宽位置。

3. 记录实验数据，求出实验结果。

二、测量单缝衍射图像的相对光强分布。

1. 设计测量线路图，调出最佳待测衍射图像。

2. 设计记录衍射图像位置，作光强分布曲线图。

3. 计算出各极大值位置，并与理论值比较。

【实验仪器】

氦－氖激光器及电源、可调单缝、光栏、光屏、卡尺、米尺、钢卷尺、硅光电池、光点检流计、电阻箱、测距装置、测量显微镜等。

实验二十九　固体、液体折射率的测量

【实验任务】

一、测定平板玻璃的折射率。

二、测定透明薄膜(石英薄片)的折射率。

三、测定纯水的折射率。

四、测定不透明薄膜(氧化锆)的折射率(选做)。

【实验目的】

一、研究并讨论测定固体、液体折射率的原理。

二、掌握固体、液体折射率的测定方法。

【实验要求】

一、学生在查阅有关资料的基础上，自行拟定实验方案。实验方案中包括实验原理、所用仪器等，画出光路图，列出数据表格。

二、学生制定的实验方案经师生讨论后，由老师决定是否实施。

三、实验精度达到1%以内。

【实验仪器】

迈克耳逊干涉仪、分光计、读数显微镜、各种光源、偏振片和1/4波片、平板玻璃和透明盛水槽、石英片等。

实验三十　RC及RLC电路暂态特性的研究

RC串联电路或RL串联电路与直流电源相接，当接通电源或断开电源的瞬间将形成电路充电或放电的暂态变换过程。暂态变换的快慢是由电路内各元件量值和特性决定的，描述暂态变化的特性参数就是放电电路的时间常数或半衰期。电压的暂态变换是以指数形式进行的。然而以指数形式衰减的运动变化形式，不仅在交流电路中有，在静电学、放射性衰变、原子核裂变中同样出现。在核物理与放射性研究中，半衰期是放射性元素的一个特性常数，它与外界条件、元素状态、元素质量无关。在考古学、医学、环境保护学中，放射性元素半衰期这个特性参数常被用到。在原子核裂变中，也要用到半衰期这个物理量。在交流电路中，可以采用放电法测出半衰期，然后在已知电阻情况下，求出未知电容或电感。

【实验任务】

一、设计出测量RC串联电路时间常数的两种实验方案。

二、设计出测量RLC串联电路时间常数的实验方案。

【实验目的】

用实验方法研究RC、RLC串联电路的暂态特性。

【实验要求】

一、画出实验线路，说明实验原理。

二、写出实验步骤。

三、采集实验数据，正确处理实验数据。

四、对测量结果进行误差分析。

五、实验总结。

【实验仪器】

电阻箱、电容箱、电感箱、示波器、函数发生器、秒表、电压表、导线、电键等。

实验三十一 箔式应变传感器性能研究与应用

【实验目的】

一、培养学生根据实验课题通过自行查阅资料，设计电路，再由实验室所提供的实验仪器确定方案，自主实验的能力。

二、掌握传感器的工作原理和性能，学习传感器的应用方法。

【实验要求】

一、查阅相关资料，写出电阻应变片的转换原理。

二、直流电桥的工作原理和特性，自行设计实验方案，方案中包括实验原理、实验电路、设计数据表格。

三、比较单臂、半桥的灵敏度并用其称重。

四、写出实验步骤及注意事项。

五、采集实验数据，进行数据处理和分析。

六、写出实验总结。

【实验仪器】

传感器系统综合实验台、应变式传感器实验模块、砝码若干、导线若干、实验模块电源线。

附　　表

附表 1　常用物理常量

基本物理常量	符号	数　值	单　位
真空中光速	c	299792458	$m \cdot s^{-1}$
真空磁道率	μ_0	12.566370614..	$10^{-7} N \cdot A^{-2}$
真空介电常量，$1/\mu_0 c^2$	ε_0	8.854187817..	$10^{-12} F \cdot m^{-1}$
牛顿引力常量	G	6.67259(85)	$10^{-11} m^3 \cdot kg^{-1} \cdot s^{-2}$
普朗克常量	h	6.6260755(40)	$10^{-34} J \cdot s$
基本电荷	e	1.60217733(49)	$10^{-19} C$
玻尔磁子，$ch/2m$	μ_g	9.2740154(31)	$10^{-24} J \cdot T^{-1}$
里德伯常量	R_∞	10973731534	m^{-1}
玻尔半径，$a/4\pi R_\infty$	a_0	0.529177249(2)	$10^{-10} m$
电子质量	m_e	0.91093897(54)	$10^{-30} kg$
电子荷质比	$-e/m_e$	-1.75881962(5)	$10^{11} C/kg$
质子质量	M_p	1.6726231(10)	$10^{-27} kg$
阿伏加德罗常量	N_A，L	6.0221367(36)	$10^{23} mol^{-1}$
原子(统一)质量单位，原子质量	m_μ	1.6605402(10)	$10^{-27} kg$
气体常量	R	8.314510(70)	$J \cdot mol^{-1} \cdot K^{-1}$
玻尔兹曼常量，R/N_A	k	1.380658(12)	$10^{-23} JK^{-1}$
摩尔体积(理想气体) $T=273.15K$ $p=101325Pa$	V_m	22.41410(19)	$L \cdot mol^{-1}$
法拉第常量	F	9.648456	$C \cdot mol^{-1}$
标准大气压	p_0	101325	Pa
空气压强温度系数	α_p	3.659	$10^{-3} K$
冰点的绝对温度	T_0	273.15	K
玻璃材料体膨胀系数	β	2.6	$10^{-5} K$
标准状态下声音在空气中速度	$\nu_{声}$	331.46	$m \cdot s^{-1}$
标准状态下干燥空气的密度	$\rho_{空气}$	1.293	$kg \cdot m^{-3}$
标准状态下汞的密度	$\rho_{汞}$	13595.04	$kg \cdot m^{-3}$
在镉光谱中红外线的波长	λ_{Cd}	643.847	$10^{-9} m$

附表 2　国际单位制(SI)的基本单位

量	名　称	符　号	量	名　称	符　号
长　度	米	m	热力学温度	开[尔文]	K
质　量	千克(公斤)	kg	物质的量	摩[尔]	mol
时　间	秒	s	发光强度	坎[德拉]	cd
电流强度	安[培]	A			

附表 3 在海平面上不同纬度处的重力加速度

纬度 φ/(°)	g/(m·s^{-2})	纬度 φ/(°)	g/(m·s^{-2})
0	9.78049	50	9.81079
5	9.78088	55	9.81515
10	9.78024	60	9.81924
15	9.78394	65	9.82294
20	9.78652	70	9.82614
25	9.78969	75	9.82873
30	9.79338	80	9.83065
40	9.80180	85	9.83182
45	9.80629	90	9.83221

注：表中数值是根据公式：$g = 9.78049(1 + 0.05288\sin^2\varphi - 0.00006\sin^2 2\varphi)$算出，$\varphi$ 为纬度。

附表 4 几种标准温差电偶

温差电偶名称	100℃时的电动势 ε/mV	使用温度 t/℃	温差电偶名称	100℃时的电动势 ε/mV	使用温度 t/℃
铜-康铜	4.26	-200~300	铂铑-铂	0.643	1600
镍铬-康铜	6.95	-200~800	镍铬-镍铝	4.15	0~1300
镍铬-镍硅	4.1	1200			

附表 5 20℃时某些金属的弹性模量(杨氏模量)

金属	杨氏模量		金属	杨氏模量	
	GPa	Pa		GPa	Pa
铝	70.00~71.00	$(7.000\sim7.100)\times10^{10}$	镍	205.0	2.050×10^{11}
钨	415.0	4.15×10^{11}	铬	240.0~250.0	$(2.400\sim2.500)\times10^{11}$
铁	190.0~210.0	$(1.900\sim2.100)\times10^{11}$	合金钢	210.0~220.0	$(2.100\sim2.200)\times10^{11}$
铜	105.0~130.0	$(1.050\sim1.300)\times10^{11}$	碳钢	200.0~210.0	$(2.000\sim2.100)\times10^{11}$
银	70.00~82.00	$(7.000\sim8.200)\times10^{10}$	康铜	163.0	1.630×10^{11}
锌	800.0	8.000×10^{10}	金	79.00	7.900×10^{10}

附表 6 常温下某些物质相对于空气的折射率

物质 \ 波长	H_α 线 656.3nm	D 线 589.3nm	H_β 线 486.1nm
水(18℃)	1.3314	1.3332	1.3373
乙醇(18℃)	1.3609	1.3625	1.3665
三硫化碳(18℃)	1.6199	1.6291	1.6541
窗玻璃(轻)	1.5127	1.5153	1.5214
窗玻璃(重)	1.6126	1.6152	1.6213
方解石(寻常光)	1.6545	1.6585	1.6679
方解石(非常光)	1.4846	1.4864	1.4908
水晶(寻常光)	1.5418	1.5442	1.5496
水晶(非常光)	1.5509	1.5533	1.5569

附表7　某些金属合金的电阻率及其温度系数

金属或合金	电阻率/$\mu\Omega \cdot m$	温度系数/K^{-1}	金属或合金	电阻率/$\mu\Omega \cdot m$	温度系数/K^{-1}
铝	0.028	42×10^{-4}	铂	0.105	39×10^{-4}
铜	0.172	43×10^{-4}	钨	0.055	48×10^{-4}
银	0.016	40×10^{-4}	锌	0.059	42×10^{-4}
金	0.024	40×10^{-4}	汞	0.958	10×10^{-4}
铁	0.098	60×10^{-4}	康铜	0.47 ~ 0.51	$(-0.04 \sim 0.01) \times 10^{-3}$
铅	0.205	37×10^{-4}			

附表8　固体的线膨胀系数

物质	温度或温度范围/℃	$\alpha/(10^{-6}K^{-1})$	物质	温度或温度范围/℃	$\alpha/(10^{-6}K^{-1})$
铝	0 ~ 100	23.8	铂	0 ~ 100	9.1
铜	0 ~ 100	17.1	钨	0 ~ 100	4.5
铁	0 ~ 100	12.2	石英玻璃	20 ~ 200	0.56
金	0 ~ 100	14.3	窗玻璃	20 ~ 200	9.5
银	0 ~ 100	19.6	花岗石	20	6 ~ 9
铅	0 ~ 100	29.2	瓷器	20 ~ 200	3.4 ~ 4.1
锌	0 ~ 100	32			

附表9　液体的比热容

液　体	温度/℃	比热容	
		$\times 10^3 J \cdot kg^{-1} \cdot K^{-1}$	$\times 10^3 cal \cdot kg^{-1} \cdot K^{-1}$
乙　醇	0	2.30	0.55
	20	2.47	0.59
甲　醇	0	2.43	0.58
	20	2.47	0.59
乙　醚	20	2.34	0.56
水	0	4.220	1.009
变压器油	0 ~ 100	1.88	0.45
汽　油	10	1.42	0.34
	50	2.09	0.50
水　银	0	0.1465	0.0350
	20	0.1390	0.0332

附表 10 固体比热容

物质	温度/℃	比热容	
		$\times 10^3 cal \cdot kg^{-1} \cdot K^{-1}$	$\times 10^3 J \cdot kg^{-1} \cdot K^{-1}$
铝	20	0.214	0.895
铜	20	0.092	0.385
铂	20	0.032	0.134
铁	20	0.115	0.481
铅	20	0.0306	0.130
镍	20	0.115	0.481
银	20	0.056	0.234
钠	20	0.107	0.447
冰	-40 ~ 0	0.43	1.797

附表 11 常用光谱的谱线波长

元素	λ/Å	元素	λ/Å
氢(H)	6562.8 H_α 红	氖(Ne)	6266.5 橙
	4861.3 H_β 绿		6217.3 橙
	4340.5 H_γ 蓝		6143.1 橙
	4101.7 H_δ 蓝紫		5881.9 黄
	3970.1 H_τ 蓝紫		5852.5 黄
	3889.0 H_ξ 紫外	钠(Na)	5895.92(D_1)黄
氦(He)	7065.2 红		5889.95(D_2)黄
	6678.2 红	汞(Hg)	6234.4 橙
	5875.6(D_3)黄		5790.7 黄
	5015.7 绿		5769.6 黄
	4921.9 绿蓝		5460.7 绿
	4713.1 蓝		4916.0 绿蓝
	4471.5 蓝		4358.3 蓝
	4026.2 蓝紫		4358.3 蓝
	3888.7 蓝紫		4077.8 蓝紫
氖(Ne)	6506.5 红		4046.6 蓝紫
	6402.3 橙	激光(He-Ne)	6328 橙红
	6383.0 橙		

附表 12　某些元素及无机化合物的密度

物　质	密度/(g/cm^3)	物　质	密度/(g/cm^3)	物　质	密度/(g/cm^3)	物质	密度/(g/cm^3)
铝	2.702	铬	7.20	铟	7.30	镍	8.90
锑	6.684	三氧化二铬	5.21	碘	4.93	铂	21.45
砷	5.727	钴	8.9	铁	7.86	钾	0.86
硼	2.34	铜	8.92	铅	11.34	氯化钾	1.984
镉	8.642	氧化亚铜	6.0	镁	1.74	银	10.5
钙	1.54	氧化铜	6.3~6.4	锰	7.20	硅	2.32~2.34
金刚石	3.51	硫酸铜	3.605	汞	13.59	钠	0.97
石墨	2.25	锗	5.35	氧化汞	9.8	锌	7.14
炭	1.8~2.1	金	18.88	钼	10.2	钨	19.35

附表 13　某些液体的密度

液体	温度/℃	密度/(g/cm^3)	液体	温度/℃	密度/(g/cm^3)
丙　酮	20	0.792	汽　油		0.66~0.69
酒　精	20	0.791	牛　奶		1.028~1.035
苯	0	0.899	海　水	15	1.025
乙　醚	0	0.736	蓖麻油	15	0.969

附表 14　不同温度下干燥空气中的声速

℃	v/(m/s)	℃	v/(m/s)	℃	v/(m/s)	℃	v/(m/s)
0	331.450	10.5	337.760	20.5	343.663	30.5	349.465
1.0	332.050	11.0	338.058	21.0	343.955	31.0	349.573
1.5	332.359	11.5	338.355	21.5	344.247	31.5	350.040
2.0	332.661	12.0	338.652	22.0	344.539	32.0	350.327
2.5	332.963	12.5	338.949	22.5	344.830	32.5	350.614
3.0	333.265	13.0	339.246	23.0	345.123	33.0	350.901
3.5	333.567	13.5	339.542	23.5	345.414	33.5	351.187
4.0	333.868	14.0	339.838	24.0	345.705	34.0	351.474
4.5	334.169	14.5	340.134	24.5	345.995	34.5	351.760
5.0	334.470	15.0	340.429	25.0	346.286	35.0	352.040
5.5	334.770	15.5	340.724	25.5	346.576	35.5	352.331
6.0	335.071	16.0	341.019	26.0	346.866	36.0	352.616
6.5	335.370	16.5	341.314	26.5	347.516	36.5	352.901
7.0	335.670	17.0	341.609	27.0	347.445	37.0	353.186
7.5	335.970	17.5	341.903	27.5	347.735	37.5	353.470
8.0	336.269	18.0	342.197	28.0	348.024	38.0	353.755
8.5	336.568	18.5	342.490	28.5	348.313	38.5	354.039
9.0	336.866	19.0	342.784	29.0	348.601	39.0	354.323
9.5	337.165	19.5	343.077	29.5	348.889	39.5	354.606
1.0	337.463	20.0	343.370	30.0	349.177	40.0	354.890

附表 15　一些气体的折射率

物质名称	折射率(n_D)	物质名称	折射率(n_D)
空　气	1.0002926	水蒸气	1.000254
氢　气	1.000132	二氧化碳	1.000488
氮　气	1.000296	甲　烷	1.000444

注：气体在正常温度和压力下。

附表 16　一些液体的折射率

物质名称	温度/℃	折射率(n_D)	物质名称	温度/℃	折射率(n_D)
水	20	1.3330	二硫化碳	18	1.6255
乙　醇	20	1.3614	三氯甲烷	20	1.446
甲　醇	20	1.3288	甘　油	20	1.474
乙　醚	22	1.3510	加拿大树胶	20	1.530
丙　酮	20	1.3591	苯	20	1.5011

参 考 文 献

1 王希成，罗中杰主编．大学物理实验(普通高等院校物理精品教材)．武汉：华中科技大学出版社，2012.
2 周晓明主编．大学物理实验．广州：华南理工大学出版社，2012.
3 张旭峰，王志斌，王秉仁主编．大学物理实验．北京：机械工业出版社，2003.
4 丁慎训，张连芳主编．物理实验教程(第二版)．北京：清华大学出版社，2002.
5 吕斯骅，段家祺．新编基础物理实验．北京：高等教育出版社，2006.
6 丁慎训，张连芳等．物理实验教程(第二版)．北京：清华大学出版社，2002.
7 彭瑞明主编．大学物理实验．广州：华南理工大学出版社，2004.
8 王廷兴等主编．大学物理实验(上册)．北京：高等教育出版社，2003.
9 陈群宇等．大学物理实验(基础和综合分册)．北京：电子工业出版社，2003.
10 陈早生等．大学物理实验．上海：华东理工大学出版社，2003.
11 张书敏，李冀．普通物理实验．北京：科学出版社，2011.
12 潘人培．物理实验．北京：高等教育出版社，2000.
13 曹正东，李佛生主编．大学物理实验．上海：同济大学出版社，2011.
14 王红岩，张国镇，林树主编．大学物理实验．北京：机械工业出版社，2010.
15 戴坚舟，钱水兔等．大学物理．上海：华东理工大学出版社，2007.
16 吴平等．大学物理实验教程．北京：机械工业出版社，2006.
17 孔祥洪，郭阳雪．大学物理实验教程．上海：同济大学出版社，2012.
18 龙涛等编著．大学物理实验(第二版)．北京：清华大学出版社，2012.
19 浦天舒等．大学物理实验．北京：清华大学出版社，2011.
20 梁昆淼．数学物理方法．北京：人民教育出版社，1995.
21 李学慧主编．大学物理实验．北京：高等教育出版社，2005.
22 袁长坤主编．物理量测量．北京：科学出版社，2004.
23 李柱峰编著．大学物理实验．北京：机械工业出版社，2013.